解 读 地 球 密 码

丛书主编 孔庆友

清洁能源

地 热

Geothermal Energy
The Clean Energy

本书主编 杨丽芝 杨雪柯

山东科学技术出版社

·济南·

图书在版编目（CIP）数据

清洁能源——地热 / 杨丽芝，杨雪柯主编 .-- 济南：山东科学技术出版社，2016.6（2023.4 重印）
（解读地球密码）
ISBN 978-7-5331-8365-3

Ⅰ . ①清… Ⅱ . ①杨… ②杨… Ⅲ . ①地热能 - 普及读物 Ⅳ . ① TK521-49

中国版本图书馆 CIP 数据核字（2016）第 141665 号

丛书主编 孔庆友
本书主编 杨丽芝 杨雪柯

清洁能源——地热
QINGJIE NENGYUAN——DIRE

责任编辑：赵 旭
装帧设计：魏 然

主管单位：山东出版传媒股份有限公司
出 版 者：山东科学技术出版社
　　　　　地址：济南市市中区舜耕路 517 号
　　　　　邮编：250003　电话：（0531）82098088
　　　　　网址：www.lkj.com.cn
　　　　　电子邮件：sdkj@sdcbcm.com
发 行 者：山东科学技术出版社
　　　　　地址：济南市市中区舜耕路 517 号
　　　　　邮编：250003　电话：（0531）82098067
印 刷 者：三河市嵩川印刷有限公司
　　　　　地址：三河市杨庄镇肖庄子
　　　　　邮编：065200　电话：（0316）3650395

规　格：16 开（185 mm×240 mm）
印　张：7.25　字数：131 千
版　次：2016 年 6 月第 1 版　印次：2023 年 4 月第 4 次印刷
定　价：35.00 元
审图号：GS（2017）1091 号

普及地质科学知识
提高民族科学素质

李廷栋
2016年元月

传播地学知识，弘扬科学精神，
践行绿色发展观，为建设
美好地球村而努力。

翟裕生
2015年10月

贺　词

　　自然资源、自然环境、自然灾害，这些人类面临的重大课题都与地学密切相关，山东同仁编著的《解读地球密码》科普丛书以地学原理和地质事实科学、真实、通俗地回答了公众关心的问题。相信其出版对于普及地学知识，提高全民科学素质，具有重大意义，并将促进我国地学科普事业的发展。

国土资源部总工程师

　　编辑出版《解读地球密码》科普丛书，举行业之力，集众家之言，解地球之理，展齐鲁之貌，结地学之果，蔚为大观，实为壮举，必将广布社会，流传长远。人类只有一个地球，只有认识地球、热爱地球，才能保护地球、珍惜地球，使人地合一、时空长存、宇宙永昌、乾坤安宁。

山东省国土资源厅副厅长

编著者寄语

★ 地学是关于地球科学的学问。它是数、理、化、天、地、生、农、工、医九大学科之一，既是一门基础科学，也是一门应用科学。

★ 地球是我们的生存之地、衣食之源。地学与人类的生产生活和经济社会可持续发展紧密相连。

★ 以地学理论说清道理，以地质现象揭秘释惑，以地学领域广采博引，是本丛书最大的特色。

★ 普及地球科学知识，提高全民科学素质，突出科学性、知识性和趣味性，是编著者的应尽责任和共同愿望。

★ 本丛书参考了大量资料和网络信息，得到了诸作者、有关网站和单位的热情帮助和鼎力支持，在此一并表示由衷谢意！

科学指导

李廷栋　中国科学院院士、著名地质学家
翟裕生　中国科学院院士、著名矿床学家

编著委员会

目 录
CONTENTS

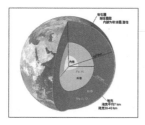
1

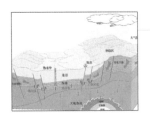

热流传递方式/13

热具有从高温到低温传播的特性。地球内部的高温热量通过传导、对流、火山活动或岩浆活动向地表传递。

水热系统的存在形式/16

热量在传递过程中，由于温度或压力的变化，使得地热流体的状态发生转换。水热系统一般有五种存在形式：温水系统、热水系统、蒸汽系统、两相系统和地压系统。

Part 3 地热类型概谈

板块及其边界/19

地球表层刚性的岩石圈由十二大板块组成。板块的运移使得板块边界产生分离或聚合，形成分离型的增生边界，或汇聚型的消减边界。

板缘型地热资源/21

板块边缘地带火山活动、岩浆侵入、地震等地质活动强烈，常常形成相对比较狭窄但可延伸数千千米的高温地热活动带。

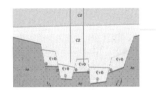

板内型地热资源/23

远离板块边缘的板块内部，水热活动的热源主要来自大地热流的正常增温，地表无热显示，或热显示较温和。板内型地热资源温度相对较低，与火山活动、地震活动无明显相关性。

Part 4 地热用途大观

清洁能源/28

地热无论用来发电还是供暖，都无须用锅炉加热，故而无须燃烧煤炭或其他燃料。这就避免了燃料在燃烧过程中向大气排放大量的二氧化碳、硫化物、氮化物及可吸入颗粒。这也说明了地热能是清洁能源的原因。

理疗保健/40

地热的理疗保健作用主要通过洗浴，依靠地热水的温度、压力、浮力以及放射性元素对人体的物理作用，再通过地热水中所含各种气体、矿物质、微量元素的化学作用产生疗效。

旅游休闲/50

利用地热独特的自然景观，开发地热景观旅游；或利用当地的地热，结合秀美的自然景观及历史文化，人工开发以温泉洗浴、观赏、娱乐、度假为一体的地热旅游及休闲度假项目，是目前地热资源综合利用的趋势。

农业生产/52

地热资源用于农业生产的历史由来已久，用途广泛，主要用于地热温室种植和水产养殖两大领域，也可用于室外土壤加温等。

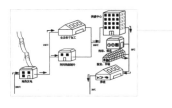

工业生产/55

地热能在工业领域的用途较多，可以用于任何一种形式的供热制冷、烘干和蒸馏过程。同时，地热水中有用的化学成分可以通过工业流程提取，作为工业原料加以利用。

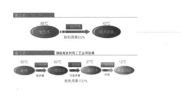

梯级利用/56

地热流体在一次利用后其流量、温度及矿物质含量还存在可再次利用的价值。梯级利用即采取系统合理的经济技术，逐级、逐步地对地热资源进行综合利用，避免地热资源的浪费。

回灌技术/58

地热回灌是指人工通过钻井和加压的方式将地热尾水、常温地表或地下水注入地下热储加热的过程。地热资源的回灌不仅保护环境，还是加速地热资源再生的有效途径。

Part 5 地热分布巡礼

全球四大地热带/61

全球高温地热资源主要分布在板块边缘地带，中低温地热资源主要分布在板块内部盆地。全球有四个大的高温地热带，还有许多著名的中低温地热田。

水热蚀变/99

　　水热蚀变是高温地热水或蒸汽沿通道上升，与围岩中的矿物或元素发生一系列复杂的化学反应，热水和围岩的化学成分都发生相应变化。水热蚀变既是化学反应的过程，也是化学反应的结果。

地学知识窗

Part 1 地热概念解读

　　地热是赋存于地球内部的热能，是一种巨大的自然资源，通过火山爆发、温泉、间歇喷泉及岩石的热传导等形式不断地向地表传送和散化热量。据估算，赋存于地球内部的热量约为全球煤炭储量（燃烧所释放的热量）的1.7亿倍，每年从地球内部经地表散失的热量相当于1 000亿桶石油燃烧产生的热量。全球每年可开采的地热能总量超过全球每年能源消耗的总量。就技术开发潜力而言，地热能是仅次于太阳能的第二大清洁能源。

地热资源

在可以预见的未来时间内，能够为人类经济开发和利用的地球内部热能资源，称之为地热资源。地热资源包括地热流体及其有用组分。

地热流体是地热资源的载体，包括地热水和地热蒸汽，以及少量的非凝性气体，但不包括天然的碳氢化合物可燃气体，如甲烷等。地热水的温度下限为25℃，即温度高于25℃的地下水才可以称之为地热水（图1-1）。地热蒸汽

▲ 图1-1 地热水（80℃，可以煮鸡蛋）

（图1-2）的温度没有上限，目前发现的
地热蒸汽最高温度为329℃，位于我国西

藏羊八井。

温泉是从地下自然喷涌而出的地

▲ 图1-2　地热蒸汽（西藏蒸汽井施工现场）

▼ 图1-3　温泉（西藏日喀则芒热温泉，水温77℃）

热水或地热蒸汽（图1-3）。地热井则是通过人工钻井的方式揭露地热资源（图1-4）。由于天然温泉少见，打地热井抽汲地热水的方式较为普遍。为了广告效应，许多商家将地热井中抽汲的地热水也称之为温泉。虽然人工抽汲的地热水和温泉具有同样的温度，甚至温度更高，矿物质组分和含量也相似，但从

▲ 图1-4 地热井（山东威海洪水岚汤地热井，水温70℃）

——地学知识窗——

矿 水

含有某些特殊组分或气体，或者有较高温度、具有医疗作用的地下水称之为矿水。有益物质成分（如溴、碘、钾、硼）含量达到工业开采和提炼标准的地下水，称之为工业矿水。总矿化度、离子成分、水中气体存在有医疗学上活泼的微量组分、放射性元素对人体的机体起良好生理作用的地下水，称之为医疗矿水。地热水中含多种微量元素或特殊组分，大多成为医疗热矿水或工业热矿水。

科学概念上，二者是不一样的。

地热田是指在目前技术条件可到达的采集深度内，富含可经济开发和利用的地热能及地热流体的地域，一般包括热储、盖层、热流体通道和热源四大要素（图1-5），是具有共同的热源，形成统一热储结构，可用地质、物化探方法圈闭的特定范围或区域。

热储是指地热流体相对富集，具有一定渗透性并含载热流体的岩层或岩体破碎带。热储层具有一定渗透性，地热流体就储存在热储层里。地热流体可能是岩层形成时的沉积水，也可能是具有稳定补给源的循环水。

盖层是指覆盖在热储上部，具有隔水隔热性能，对热储起保温作用的岩层，多为黏性土层或自封闭层。

热流体通道是指地球内部热量向地球表层传递的方式。热传递的方式有三种：大地热流、温泉活动、火山活动。

热源指地热田热能来源。地热能有两种不同来源，一种来自地球外部，以太阳辐射为主；另一种来源于地球内部，以热的传导和对流为主。

干热岩也叫热干岩，顾名思义，就是热的干的岩石，通常是指地下深处

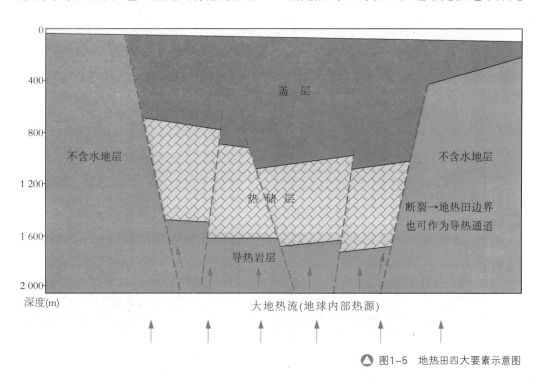

🔺 图1-5 地热田四大要素示意图

——地学知识窗——

地下温度

　　由于太阳的辐射，地球表层15~30米深度内地温随昼夜、四季气温的变化而交替变化，称之为变温层；从地表向内，太阳辐射的影响逐渐减弱直至消失，温度终年不变，称之为恒温层。恒温层的深度和厚度各处不同，厚度一般在20~40米。恒温层向下，地温受地球内部热量传导的影响逐渐升高，称之为升温层，每深入100米的地温增加值称为地温梯度或地热增温率。地温梯度超过某一正常值，或大地热流值显著高于地球热流平均值的地区，称为地热异常区，地热异常是寻找地热田的直接标志。

（3~10千米），不含水或不透水的热岩石。干热岩也是一种地热资源。通过人工的方式将不透水的热岩石压裂，使之透水，将人工注入的凉水经热岩石加热后再抽汲出来，加以利用，该系统称为人造水热系统（图1-6）。一般来说，干热岩的温度在200℃以上，每天能抽出来的热水不少于7 000立方米，才具有可观的经济利用价值。

　　地热资源按温度，又可分为高温地

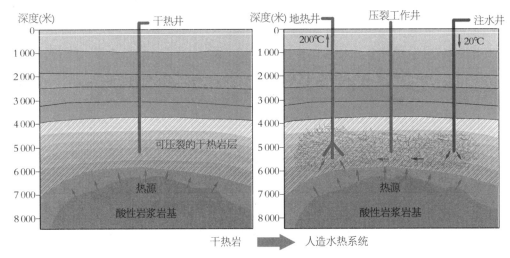

图1-6　干热岩资源利用

热资源（温度大于150℃）、中温地热资源（温度在90~150℃）、低温地热资源（温度小于90℃）。低温地热资源又可分为热水（温度大于60℃）、温热水（温度40~60℃）、温水（温度25~40℃）。

地热资源特点

水热同源

地热资源的主要载体为水（水蒸气），因此，地热资源作为能源矿产的同时，还是宝贵的水资源。那些矿化度低、常规组分达标、不含有毒有害组分的地热水可以作为普通生活饮用水或者矿泉水加以利用。同时，地热水的来源除一部分为地层沉积时保留下来的沉积水和封存水外，大部分来自水资源循环过程中的新生水（大气降水），由水资源转化而来。

热矿同源

地热水在热储中循环十分缓慢，滞留时间长，较高的温度和封闭的环境有利于水岩作用，地壳中被发现的所有元素都能在地热水中测试到，某些元素不断聚集，形成有益或有害的矿物质。一般来说，温度越高，矿物质含量也越高。根据地热水中矿物质组分和含量，可以将地热水分为饮用矿泉水、医疗热矿水、工业热矿水分别开发利用。

地热成因揭秘

地热资源的形成与地球内部结构密不可分，同时也受着大地构造运动的控制。

地球内部放射性物质的蜕变所产生的热量，是地球内部温度升高的主要热源。地球

内部的热能，通过一定的方式到达地球浅部，或储存在地表以下，或通过一定的通

道向地球外部散热，在地表形成各种热异常。

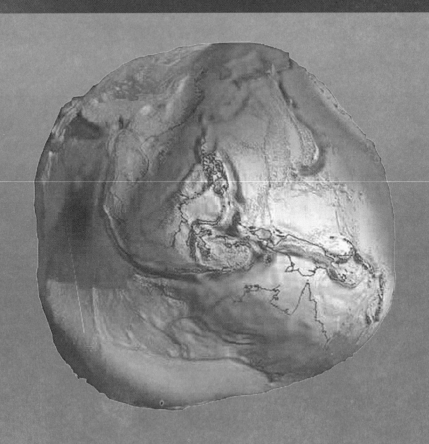

地球内部热源与温度

地球内部的结构

地球是一个巨大的椭球体，赤道半径6 378千米，两极半径6 356千米，平均半径6 370千米。地球内部存在两个明显的一级地震波不连续面。第一个不连续面出现在大陆平均33千米、海洋平均7千米深处，是1909年由前南斯拉夫学者莫霍洛维奇发现的，被称为莫霍洛维奇不连续面（简称莫霍面，MoHo discontinuity）；第二个不连续面出现在地下2 900千米处，是1914年由美国地球物理学家古登堡发现的，被称为古登堡不连续面（简称古登堡面，Gudenberg discontinuity）。莫霍面和古登堡面将地球内部划分为三个圈层，莫霍面以上的地球表层称为地壳

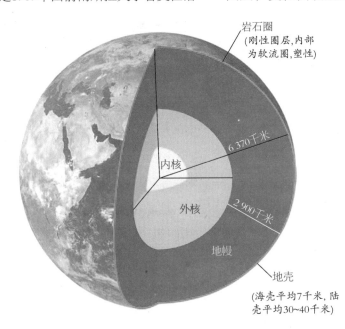

岩石圈
（刚性圈层，内部为软流圈，塑性）

6 370千米

内核

外核

2 900千米

地幔

地壳

（海壳平均7千米，陆壳平均30~40千米）

◀ 图2-1 地球内部结构

（Ctust），莫霍面与古登堡面之间的地球部分称为地幔（Mantle），古登堡面以下到地心的部分称为地核（Core），如图2-1所示。

根据次一级地震波界面，还可将地幔分为上地幔（top Mantle）和下地幔（under Mantle）两部分，将地核分为内核（inner Core）和外核（outer Core）两部分。在上地幔的上部70～250千米深度处存在一个软流圈（asthenosphere），部分物质呈熔融状态，是岩浆重要的发源地。软流圈以上至地表为岩石圈（lithenosphere），包括地壳及软流圈以上的上地幔部分。岩石圈的岩石包括岩浆岩、沉积岩和变质岩三大类，呈固体状态。软流圈物质大部分呈固态，部分发生熔融。软流圈以下的地幔部分物质呈固态。外地核由致密液态物质组成，包裹在固化的内地核之上。

从地球物质来看，比重最大的铁、镍集中在地核，比重轻的元素，如硅镁、硅铝质成分集中在地壳，比重居中的铁、镁硅酸盐集中在地幔。目前普遍的观点认为，地球是在很高的热力作用下，其原始物质发生熔融，并按不同的比重进行分布，从而使地球内部原来的均质结构转变为分异结构。

目前人类研究的深度仅限于岩石圈，钻探所到达的深度仅限于地壳上部（10千米以内）。

地球内部的温度

深矿井温度增高、温泉及火山喷出炽热的岩浆等现象告诉我们，地球内部是热的，温度远高于地表温度。温度在地球内部的分布状况称为地温场。地球的各个圈层，地温梯度并不一致，随着深度增加，地温梯度逐渐降低。

根据最新资料推算结果，莫霍面处的地温为400～1 000℃，岩石圈底部的温度约为1 100℃，上下地幔界面附近约为1 650℃，古登堡面附近约为3 700℃，地心处的温度为4 300～4 500℃。不同地区增温梯度差别较大，如地壳运动不活跃的古老结晶岩区，地温梯度不到1℃/100 m，由沉积岩组成的近代沉降区和年轻山地为2℃/100 m～3℃/100 m，而火山活动地带则高达7℃/100 m～8℃/100 m。

地温梯度显著高于正常值或背景值的地区，称为地热异常区。在地热异常区，人们不仅可以根据地热异常特征来寻找地热田，还可以通过地热异常来研究地质构造特征及矿产资源分布特征。

地球的热历史及内部热源

地球内部的热源与地球的起源和演化历史有关。关于地球的起源与演化，虽有多种假说，但至今也没有一个令所有人信服的观点。所有的假说中，对地球的热历史，有两个对立的观点，一是认为地球形成之初就是热的，地壳先冷凝成固体，随着时间的流逝，大部分热量散失，地球内部仅保存余热；另一种观点是原始地球本来是冷的，在演化过程中逐渐变热。持上述两种观点的研究者虽然对地球原始热状态和余热持相反观点，但都承认地球内部放射性物质的蜕变所产生的热量，在地球演化过程中起到了非常重要的作用，使地球内部温度升高，物质发生熔融和分异。原始地球是冷的假说认为，由于以下几种热源，地球逐渐变热：

小行星撞击转换来的热能：这种热源可能是地球形成之初的主要热量来源，小行星的撞击以及尘埃碎块的碰撞将大量的动能转换成热能。虽然大部分热能散失到宇宙空间，但仍有一部分热能保存下来使地球增温。

地球压缩产生热能：随着地球体积的缩小，内部压力不断增加，重力能转变成热能。据研究数据表明，地球半径收缩1厘米，产生的热量为 3.34×10^{23} 焦耳，相当于山东省地热资源总储量的160倍（4 000米以浅）。地球压缩的结果是地球内部温度升高。

放射性元素蜕变产热：地球内部的铀、钍、钾等放射性元素蜕变时产生的热量长期积累起来，数量相当巨大，而且不易散失，是地球内部的主导热源，也是地球增温的主要因素。

铀有两种半衰期长的同位素：铀（^{238}U）通过一系列的中间产物衰变为铅（^{206}Pb），而铀（^{235}U）也衰变为铅（^{207}Pb）。钍只有一种长半衰期的同位素，即钍（^{232}Th），通过一系列的中间产物衰变为铅（^{208}Pb）。钾的稀有同位素 ^{40}K，通过两种途径衰变，一种途径衰变为钙（^{40}Ca），另一种途径衰变为氩（^{40}Aa）。上述放射性元素在蜕变过程中产生大量的热能（表2-1）。其中又以铀（^{235}U）生热率最高。

根据放射性元素在地球各圈层的含量，可计算各元素衰变产生的热量（表2-2）。

表2-1 　　　　　　　　　地球热源中放射性同位素及其生热率统计表

同位素	半衰期（×10⁸a）	在元素中所占比例（%）	生热率[J/（g·a）]
^{235}U	7.53	0.72	13.72
^{238}U	45	99.27	3.1
^{232}Th	145	100	0.84
^{40}K	145	0.012	11.297×10^{-5}

表2-2 　　　　　　地球各圈层放射性元素衰变产生的热量及所占比例（×10¹⁸J/a）

地球各圈层	地壳	地幔	地核	共计	所占比例（%）
^{235}U	22.59	5.86	0.84	29.29	1.7
^{238}U	535.55	144.35	16.74	696.64	41.7
^{232}Th	544.76	168.61	14.64	728.01	44.3
^{40}K	158.99	46.02	/	205.01	12.3
共计	1 261.89	364.84	2.22	1 628.95	100
所占比例（%）	76.1	22.0	1.9	100	

从表2-2可以看出，放射性元素产生的热量主要集中在地壳，占总热量的76.1%，产生热量最多的是钍（^{232}Th），占总热量的44.3%；其次是铀（^{238}U），占总热量的41.7%。

这些放射性元素在地球演化和分异过程中集中于岩石圈上部，又以地壳上部的酸性岩浆岩（如花岗岩）的生热率最高，每吨每年可产生34.2焦耳的热能。曾有人统计，酸性岩浆岩所产生的热量约占热量的70%，基性岩浆岩占20%，超基性岩浆岩只占10%左右。随着深度增加，放射性同位素含量逐渐减少，所产热量也逐渐减少。据前苏联专家估计，100千米以浅，产热量约占总量的50%；100～200千米，占25%；200～300千米，占15%；300～400千米，占8%；400千米以下，仅占2%。

其他放射性元素如铀（^{236}U）、钐（^{146}Sm）、锔（^{247}Cm）、钚（^{244}Pu）等，半衰期相对较短，在地球形成后的1 000万至1亿年间，为地球内部提供热源。据估计，以上4种放射性元素，在这期间产出的热量约为钾（^{40}K）总生热量的20倍。

热流传递方式

地球内部的温度高达3 000~4 000℃，由于热具有从高温到低温传播的特性，所以地球内部的高温热量必然要向地表传递。

热传导

地球内部的热量，主要通过岩石传导的方式到达地表。其传导的热量，可以通过实测或根据岩石的导热率与地温梯度的乘积进行计算。每平方米每秒获得的大地热流量称为大地热流值，目前地球陆地表面实测的大地热流值约为65毫瓦/平方米，一般在构造活动区热流值偏高，在构造稳定区热流值偏低。我国华北平原平均热流值为61.45毫瓦/平方米，与全球陆地平均值相近；在西藏高原上的羊卓雍湖、博莫湖测量的大地热流值为1 250~1 670毫瓦/平方米之间，明显高于全球平均值。有人根据全球大地热流值对我国陆域每年通过传导方式排出的热量进行估算，其热量为2.03×10^{19}焦耳/年，相当于6 336亿吨标准煤燃烧释放的热量。

从地球深部经岩石的传导到达地球浅部的热量，若无法以地热流体的形式储存在地球浅部，很容易散失到大气中，无法为人类所利用。储存地热流体的岩层称为热储层。热储层具有一定的渗透性，地热流体相对富集。地热流体可能是岩层形成时的沉积水或原生水，也可能是具有稳定补给源的循环水。覆盖在热储层上部，具有隔水隔热性能，对热储起保温作用的岩层称为盖层。热储、盖层、热源及热传递通道，共同组成地热田。

由于地热田盖层的隔水、隔热作用，地表没有明显的热异常，所以，以传导方式传递热量的地热田不容易被发现，且温度相对较低。

热对流

地热流体经深循环后得以加热，在向浅部的流动过程中，将热量带到地表浅部，或以温泉的形式释放，或在浅部封闭空间存储（图2-2）。

地热流体深循环，首先要有流体（地下水）的来源，其次要具备流体深循环的通道。故地热对流往往发生在构造部位，如断裂构造带或火山口。以对流形式传递的热量往往呈带状或点状分布。地热流体主要来源于大气降水，

断裂带或断裂交叉部分，岩石往往较破碎，孔隙率和渗透性增加，为大气降水的入渗和向深部循环提供通道。地热流体循环的深度与断裂的性质有关，深大断裂带的温泉往往温度较高。

温泉地热往往有热储却没有盖层或盖层较薄，故地表地热异常明显，容易被人发现。温泉在深循环的过程中，不断吸收围岩的热量并溶解围岩中的易溶矿物质及元素，包括深部的和浅部的，故温泉中矿物质成分丰富，含量也较高。

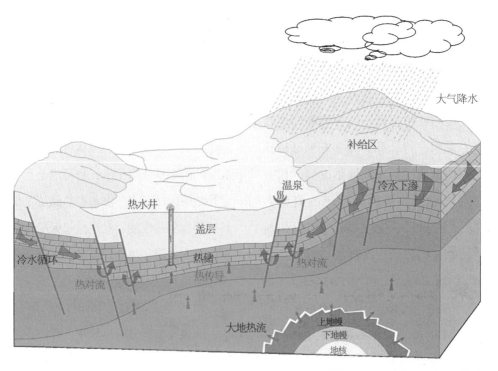

▲ 图2-2 热传导与热对流模式

岩浆侵入或火山活动

来自上地幔软流圈的岩浆，温度高达850～1 250℃，当它穿过地壳喷出地表时，必然释放出大量的热；当岩浆侵入地壳的岩石圈时，蕴藏着大量的热能。地下水通过一定的通道深循环时，若遇到炽热的岩浆或固化不久的侵入岩体（相当于深埋于地下的"热锅"），就形成高温地热流体，热量被带到地球表面或储存在地壳浅部，形成高温温泉或高温地热田（图2-3）。

岩浆侵入或火山活动具有分带性，世界上80%的火山分布在环太平洋地区，形成著名的火山环，其次分布在大洋中脊，以大西洋中脊最为典型。此外，还有地中海地区、埃塞俄比亚—东非大裂谷带等。地热资源的分布与火山活动有着密切的关系，世界上著名的高温地热田都处在火山带上，如意大利、冰岛、新西兰、美国、日本、菲律宾等国家的高温地热田都与火山活动有关。

我国的藏滇地热带和台湾地热带，均属于该类型的高温地热带。藏滇地热

▲ 图2-3 火山或岩浆活动产生的热传递模式

带位于印度洋板块与欧亚板块的边缘，由于板块碰撞引起地壳重熔和岩浆活动，产生高热背景。水热活动强烈，形成大量的热泉、沸泉、喷泉、喷气孔、水热爆炸穴等，水热蚀变及泉华沉积也很发育。西藏羊八井地热田最高温度的地热井，为1993年年底施工的ZK002号井，井深1 850米，井底温度高达329.8℃，是目前世界上温度最高的地热井。

台湾地热带位于太平洋板块与欧亚板块的边界，地壳活动活跃，第四纪火山活动强烈，地震频发，水热活动强烈，有大量的热泉、沸泉、喷气孔。高温地热的形成与火山活动有关。

水热系统的存在形式

热量在传递过程中，往往多种方式同时发生。由于构造运动或者火山活动，热传导常常被热对流所干扰，同时产生压力变化，使得地热流体在自然对流过程中或人工开发过程中以不同的状态存在。

温水系统

水热系统中，地热水的存在形式始终是液态，不会因为深度的改变而发生相态的改变。世界上绝大部分的水热系统属于该类系统。

热水系统

地热水在地下深处以液态形式存在，当上升至地表附近时发生沸腾，沸腾深度最小不足10米，热储埋深较大时，也可深达数百米。西藏羊八井地热田、云南腾冲热海地热田均属于热水系统，沸腾深度十几米到几十米。

两相系统

热储中的地热水以液态和气态两种相态存在，沸腾深度越大，热储中含水蒸气就越多，压力也就越大。目前，世界上许多具有规模的地热电站，都是利用两相系统中的高温地热发电。

蒸汽系统

热储中所有的地热水均以蒸汽的形式存在。目前，世界上已知的蒸汽型地热田有美国的盖瑟尔斯地热田、意大利的拉得瑞罗地热田、印度尼西亚的卡玛江地热田等。蒸汽系统的形成，一般认为是热储层有足够的热量供给，同时，冷水的来源不足；或者是热储热量供给充足，沸腾的水量远大于补给的水量。

地压系统

热储被不透水或导热率低的岩石所封闭而深埋于地下，水温高，压力极高，超过静水压力数倍，典型孔隙压力值约为100 MPa。地压系统中的地热流体除含大量的热能外，还含大量的甲烷。

Part 3 地热类型概谈

地球在漫长的演化过程中，其表层刚性的岩石圈被分裂成数个大小规模不一的板块，它们漂浮在塑性的软流圈之上。软流圈如同传送带那样，托着板块满世界漂，做大规模的位移运动和旋转运动。板块的运动促使地球内部的热能聚集和释放，并使得板块边缘地带和板块内部地热资源类型发生巨大差异。

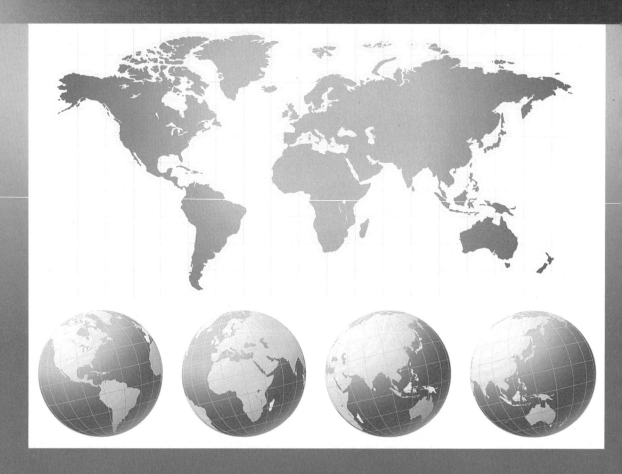

板块及其边界

1968 年法国地球物理学家勒皮雄（X.Lepichon）将全球岩石圈划分为六大板块，即欧亚板块、非洲板块、太平洋板块、印度洋板块、美洲板块和南极洲板块。此后，地质学家们在六大板块的基础上，将美洲板块进一步划分为南美板块、北美板块及之间的加勒比板块；在原来的非洲板块东北部划分出阿拉伯板块；在原来的太平洋板块西侧划分出菲律宾板块；在太平洋中脊以东与秘鲁—智利海沟及中美之间划分出纳兹卡板块和可可板块。原来的六大板块增至十二大板块（图3-1）。

板块运移使板块边界产生分离或聚合，因此板块的边界分为分离型和汇聚型两种。

分离型边界又称增生边界，板块受拉张而分离，软流圈岩浆上升，产生火山喷发，形成大洋中脊和大陆裂谷。

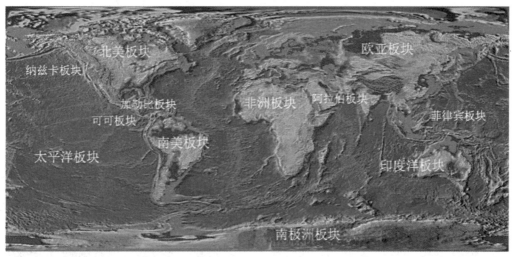

▲ 图3-1 地球十二大板块分布

汇聚型边界又称消减边界，包括俯冲边界、碰撞边界及平错边界三种类型。俯冲边界是大洋板块向大陆板块俯冲形成的，一般海域形成深海沟，陆域形成岛弧或山弧（图3-2）。碰撞边界又称缝合线，是大陆板块之间的碰撞带或焊接带，一般形成高耸的山脉并伴有强烈的构造变形或岩浆侵入，如阿尔卑斯山脉、喜马拉雅山脉等。平错边界指板块相互剪切滑动，没有板块的增生与消亡，形成巨大断裂。

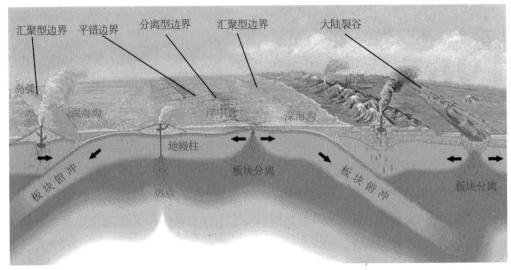

🔺 图3-2　板块活动及板块边界示意图

板块运动与地热的关系

一般来讲，活动性强烈的板块边缘地带，是现代火山活动及岩浆侵入、造山运动、地震以及变质作用的活跃带。这些地质作用为高温地热活动的形成与分布提供了充足的热源和上升通道，也为高温地热流体含有特殊的元素组分创造了有利条件。

相邻板块之间的相互作用，使得板块边缘产生强烈的变形，板块内部结构则相对稳定，虽然也受到拉伸、剪切和挤压等作用，产生了褶皱、断裂和升降运动，但与板块边缘的变形相比，其强度、深度和规模都不可同日而语。

地热资源的形成及类型与板块内部的结构，以及板块之间的活动存在必然联系。板块内部地热资源的分布主要由大地热流的传导或对流而形成，分布较广，但温度较低。板块边缘地热资源主要由板块构造活动形成，往往呈环带状或点状分布，温度高。

地热资源类型

根据地热资源的形成及分布特点，将地热资源分成板缘型和板内型两大类。

板缘型地热资源又可分为火山型和非火山型两类。板内型地热资源还可分为隆起山地断裂型、沉积盆地型两大类，沉积盆地又可分为断陷盆地和坳陷盆地（表3-1）。

表3-1　　　　　　　　　地热资源的基本类型

地热资源类型	板缘型地热资源		板内型地热资源		
			隆起山地断裂型	沉积盆地型	
	板缘火山型	板缘非火山型		断陷盆地	坳陷盆地
地质构造背景	板块分离或俯冲边缘，新火山活动强烈	板块碰撞边缘，酸性岩浆侵入，活动强烈	规模不一的活动断裂	裂谷型盆地，基底断裂活动明显	造山形盆地，盆地稳定下沉
地表热显示	沸泉、间歇喷泉、水热爆炸等	沸泉、间歇喷泉、水热爆炸等	温泉、热水沼泽	无	无
流体温度（℃）	150~300	150~350	40~150	70~100	50~65
热源	上地壳炽热火山岩浆囊	花岗岩基或局部熔融活动	地下水深循环对流传热	正常增温，局部水热对流	正常增温

板缘型地热资源

板缘地热带是沿板块边缘展开的相对比较狭窄但可延伸达数千千米的高温地热活动带，其出现的位置正好在地球板块的边缘附近，其热源与板块的扩展或消亡有明显的关系，而且具有全球规模的首尾相接，故又称为环球地热带。板缘地热带根据板块边界或板块间界面不同的力学性质可划分为洋中脊型、岛弧型、大陆裂谷—洋中脊型和缝合线型。根据板块间界面力学性质及地理位置，全球可分为四个大的板缘地热带，分别是环太平洋地热带、地中海—喜马拉雅地热带、红海—亚丁湾—东非裂谷地热带、大西洋中脊地热带。

环球地热带地热显示显著，特征明显，具有以下特点：

1. 具有明显的带状分布；

2. 出露的地理位置和环球地震带以及活火山带相互重叠，或者位于年轻造山带的后缘；

3. 地热带内出露火山多喷发酸性或中酸性岩浆，这种岩浆来源较浅，且与地壳内的重熔活动有关，因而是构成浅部高温水热活动的直接热源；

4. 出露地表的热显示强度高，水热爆炸、间歇喷泉以及绝大多数沸泉均分布在板缘活动带。

板缘火山型地热资源：板缘地热带的热源若由火山喷发直接带到地球浅部或表层，产生水热爆炸、沸泉、间歇喷泉等地热异常，称为板缘火山型地热资源。冰岛活火山遍布，地热活动强烈，许多著名的高温地热田都分布在新火山带内，如冰岛北部的克拉夫拉和诺马夫雅克，中部的亨吉克、雷吉尔等高温地热田，地热流体温度均在200℃以上。日本也是一个火山和温泉众多的岛国，著名的大岳地热田就位于九重火山群最高峰九重山西北，在阿苏破火山口附近。美国加利福尼亚州盖瑟尔斯、索尔顿湖地热田以及意大利的拉得瑞罗地热田等均属于板缘火山型地热资源。我国台湾的大屯、云南腾冲热海等地热田均属于板缘火山型。

板缘非火山型地热资源：板缘地热带的热源由侵入到地球浅部（10千米以内）的岩浆，特别是酸性岩浆提供，形成"热锅"效应，"热锅"将上部的岩石和水加热，形成高温地热资源，称为板缘非火山型地热资源。我国西藏南部的羊八井、羊易等地热田均属于板缘非火山型。美国黄石公园的间歇喷泉、沸泉等热源来自地下3 300米的炽热熔岩，也属于板缘非火山型地热资源。

板内型地热资源

板内是指板块内部，远离板块边缘的地方，包括地壳隆起区——褶皱山系、山间盆地和地壳沉降区——沉积盆地。这些地区的水热活动热源主要来自大地热流的正常增温，地表无热显示，或热显示多为温泉、热泉，少见沸泉，未见间歇喷泉。板内地热资源温度相对较低，多为中低温或低温型，少数板内高温地热活动与板内热点的存在相关，与火山活动、地震活动无明显相关性。

所谓热点是在地球的某一个位置，从软流圈或下地幔涌起并穿透岩石圈而形成的热地幔物质柱状体。它在地表或洋底出露时就表现为热点。如果把地壳浅部存在的花岗岩基或火山岩浆囊比喻为"热锅"的话，地幔柱就好比地幔深处点燃的"火把"（图3-3）。

全球热点多数出现在板块边缘，板块内部也有热点存在。我国的海南和青藏高原边缘就存在热点（汪集旸）。热点处的大地热流值远远高于周围广大地区，甚至会形成孤立的火山。所以，板块内热点的存在可能产生高温异常，是寻找干热岩的重点地段。

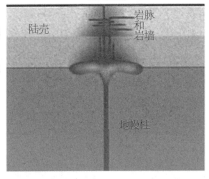

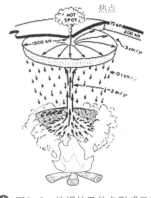

△ 图3-3 地幔柱及热点形成示意图

隆起山地断裂型地热资源

岩石受到拉伸、挤压或剪切力的作用，会发生形变，当形变超过岩石的承受能力时，就会破裂，形成断裂构造。断裂构造规模有大有小，小者纵向上从地表向下深入仅数百米，平面上延伸长度仅数千米；大者深切至上地幔，平面上延伸数百甚至上千千米。较大的断裂带由于岩石较破碎，切割深度又大，为水热活动提供了良好的通道，往往形成地热带（图3-4）。

地热资源量及温度取决于断裂构造的规模及深度，地热带的延伸长度取决于断裂带的延伸长度。我国的东南沿海地热带属断裂型地热带。浅部无近代火山或岩浆热源，地下水在地壳内深循环过程中，正常增温。由于地下水补给区与排泄区的相对高度差产生的静水压力作用，致使深循环后增温的地热水沿断裂带上涌至地表，形成温泉。温泉的温度与深循环的深度即断裂深度有关。温泉附近常常形成地热异常，地温梯度是正常梯度的2～3倍。温泉附近多有钙质泉华形成。

沉积盆地型地热资源（层状型）

沉积盆地一般指地壳沉降区，沉积了厚度较大的碎屑岩层。地球内部的热量通过岩石的传导，将浅部的岩石和水加热，并储存在透水的岩层中，上部有较厚

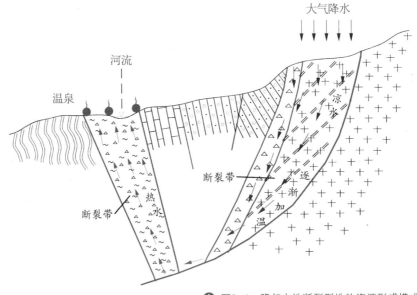

图3-4　隆起山地断裂型地热资源形成模式

的保温隔水盖层。由于板内相对于板缘范围十分广阔，因此这一类型的地热田广泛分布于世界各地。

沉积盆地型地热资源又可分为断陷盆地型和坳陷盆地型两大类，有些大型热水盆地属于断坳结合的构造盆地。

断陷盆地型：断陷盆地型为板内地壳沉降区，上部由厚层沉积物覆盖的地堑、地垒式构造盆地，盆地边缘由断裂构造控

制，基地阶梯状断裂发育（图3-5）。

经过深循环加热的地热水沿构造通道向上运移，并富集在基岩的顶面形成隐伏热异常，若盖层内有透水的岩层，经基地的热储加热后，形成浅部次生热储。断陷盆地的地温梯度接近或略高于正常梯度，地面无明显热异常，地热水温度25～100℃不等，取决于热储的埋藏深度。断陷盆地型地热田面积可大可小，小

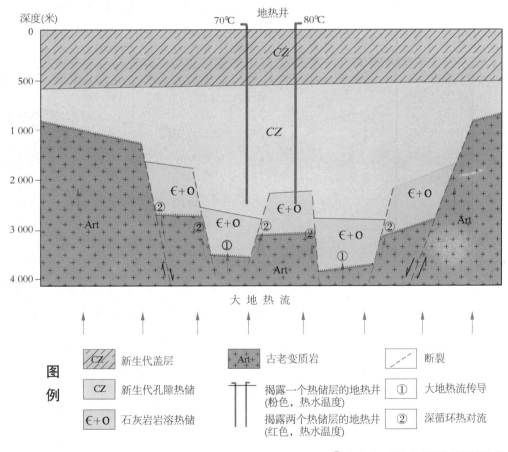

▲ 图3-5 断陷盆地型地热形成模式

25

的数平方千米,大的数千上万平方千米,其热水来源主要为大气降水,局部存在部分封存水。断陷盆地型地热田多与油田共生,多数是在石油勘探过程中发现。匈牙利潘诺宁热水盆地、俄罗斯的西西伯利亚盆地,我国的华北、苏北、渭河和松辽盆地等均属于断陷盆地。

坳陷盆地型:坳陷盆地是在板内地壳稳定下降过程中边下陷边沉积的条件下形成的,边界一般没有控制性断裂,内部

断裂也不发育。坳陷盆地地温梯度接近或略低于正常梯度,地面无热异常,地热水温度25～70℃不等,取决于热储的埋藏深度,相对于同样深度的断陷盆地,水温要低10～20℃(图3-6)。坳陷盆地型地热田面积一般较大,达数千上万平方千米,其热水来源主要为大气降水,局部存在部分封存水。坳陷盆地型地热田多与油气田、卤盐田共生。法国的巴黎盆地,我国的江汉盆地、四川盆地均属此类型。

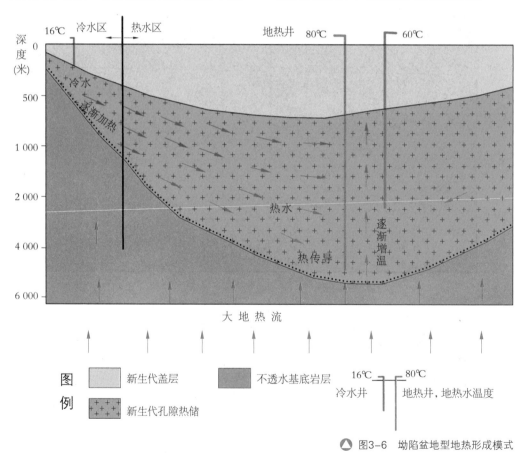

▲ 图3-6 坳陷盆地型地热形成模式

Part 4

地热用途大观

　　地热能是新型能源家族中重要的一员，它相对清洁、环境友好、再生条件好、稳定性强、利用成本低，是名副其实的绿色能源。地热资源的高效利用，对二氧化碳减排、缓解全球气候变化具有重要意义。地热资源又是一种综合性矿产资源，分布广、开发利用成本低、使用方便，因而用途十分广泛。高温地热资源可以用来发电和采暖，中低温可用来采暖、烘干、医疗保健、旅游娱乐、农业种植与养殖、工业加工与提纯等。

景观观赏
温室种植
洗浴疗养
发电
养殖
地热用途
采暖
食材烘干
工业提纯

清洁能源

热能的利用可分为发电利用和直接利用两大类。用于发电的地热流体要求温度高，一般要求180℃甚至200℃以上才比较经济。对于高温地热资源而言，由于不用加热，发电成本低，便于输送，不受地热田位置的限制，所以发电的利用价值明显高于其他利用形式。

地热发电

地热发电是指利用地热蒸汽或地热水的热能生产电力的过程，实际上就是把地下的热能转化为机械能，再把机械能转化为电能的过程。地热发电和一般火力发电并无本质上的区别，不同之处在于地热发电无须利用锅炉进行加热。火力发电利用煤炭或其他燃料加热，其燃料在燃烧过程中向大气中排放大量的二氧化碳、硫化物、氮化物及可吸入颗粒，严重影响大气质量。这也是为什么说地热能是清洁能源的原因。目前用于发电的地热资源有蒸汽型和热水型两种，以蒸汽型为主。

地热蒸汽发电：有一次蒸汽法和二次蒸汽法两种发电方式。一次蒸汽法是指直接利用地下干饱和的蒸汽，或利用从气液混合物中分离出来的蒸汽发电（图4-1）。二次蒸汽法是指不直接利用天然较脏的蒸汽（一次蒸汽），而是让蒸汽通过换热器得到的热量将洁净的水汽化，再利用洁净蒸汽（二次蒸汽）发

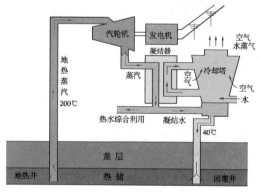

▲ 图4-1　一次蒸汽发电示意图

电（图4-2）。目前流行的双循环发电系统，同时利用一次蒸汽和二次蒸汽发电。

地热水发电：地热水因为温度低，大都呈液态形式存在，不能直接送入汽轮机做功发电。目前，对于低于150℃的地热水发电有两种方法：一是减压扩容法，将地热水送入扩容器减压汽化后，送入汽轮机做功发电，这种发电系统称为"闪蒸系统"（图4-3），由于低压蒸汽比容较大，因此，汽轮机的单机容量受到很大限制。另一种地热水发电方式是利用低沸点

物质，如氯乙烷、正丁烷、异丁烷等有机物作为发电的中间工质（实现热能和机械能相互转化的媒介物质），地下热水通过换热器使中间工质迅速汽化，利用其气体进入汽轮机发电，这种发电系统称为"双工质发电系统"（图4-4），该发电系统安全性能差，工质泄露容易产生事故。

我国在20世纪七八十年代相继建成一批利用低于100℃的地热水发电的小型试验电站，均采用扩容法和双工质法进行发电试验，虽然试验都获得了成功，但因技术上的原因或经济效益低，大都相继停产。目前，仅广东丰顺邓屋、湖南灰汤两座地热电站尚在间断运行。山东招远的汤东温泉采用扩容法发电，装机容量（实际安装的发电机组额定有效功率的总和）较小，也因经济效益较低而停产。

西藏羊八井地热发电站目前运行的八

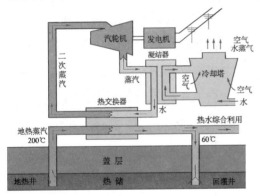

▲ 图4-2　二次蒸汽发电示意图

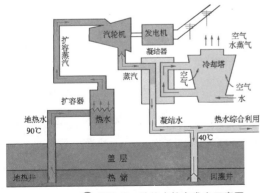

▲ 图4-3　地热水扩容发电示意图

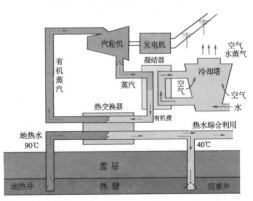

▲ 图4-4　地热水双工质发电示意图

台机组总装机容量为25.18兆瓦，地热水温度为145~172℃，采用扩容法的"闪蒸发电系统"发电，是我国最大的地热电站。

联合发电：为了充分利用好地热资源，避免资源的浪费，20世纪90年代中期，以色列奥玛特（Ormat）公司把地热蒸汽发电和地热水发电两种系统合二为一，设计出一种联合循环地热发电系统（图4-5）。该系统适用于高于150℃的高温地热流体发电，经过一次蒸汽发电后的地热流体，在不低于120℃状态下再进入双工质发电系统，二次做功发电，这样既提高了发电效率，又大大节约了能源。

我国西藏的那曲和朗日地热发电站，均采用联合双循环发电技术进行发电，取得了较好的经济效益。

地热发电历史与现状

1904年意大利在拉得瑞罗建起世界上第一个地热试验电站，开启地热发电的先河。1913年，一座250千瓦的地热电站在意大利建成并运行，标志着商业性地热发电的开端。1940年装机容量达120.68兆瓦；20世纪60年代初，装机

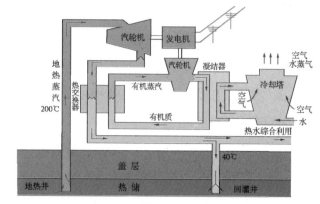

▲ 图4-5 联合循环发电示意图

容量达420兆瓦；1999年装机容量达785兆瓦，为世界第三。目前，意大利地热发电总装机容量为843兆瓦，被印度尼西亚超过，在世界排名第四。

世界其他国家地热发电的历史则大大滞后于意大利，20世纪60年代，才陆续开始利用地热发电。到1966年，建有地热发电站的国家只有意大利、新西兰、美国和墨西哥4个国家，总发电容量仅385.7兆瓦。到1969年，发展到6个国家，新增加了日本和前苏联，总发电容量增加至673.35兆瓦。到1980年，拥有地热发电站的国家增至13个，其中就包括中国。这期间，冰岛、菲律宾、印度尼西亚等地热资源丰富的岛国地热发电得以迅猛发展。1999年，利用地热发电的国家增加到了20多个，发电装机容量猛增至7974兆瓦。

——地学知识窗——

拉得瑞罗地热试验电站

1904年，意大利的P.G.科恩迪在拉得瑞罗第一次将地下喷出的蒸汽作为动力，引入一个3/4马力（1马力=75瓦）的汽轮发电机，虽然当时只亮了5个灯泡，但预示着利用地热能发电的成功（图4-6）。拉得瑞罗干蒸汽田世界闻名，那里建有全世界第一座地热发电站（图4-7）。

▲ 图4-6　科恩迪第一次利用地热发电成功

▲ 图4-7　意大利拉得瑞罗地热电站

从2010年4月在印度尼西亚巴厘岛召开的世界地热大会发布的数据来看，全球共有78个国家在利用地热能，27个国家正在利用地热发电（图4-8），总装

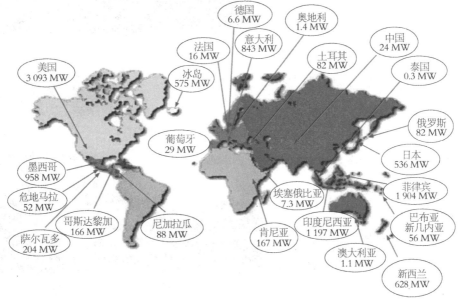

▲ 图4-8　全球地热发电分布（MW：兆瓦）

31

机容量达10 716.7兆瓦，年产能60 000吉瓦。美洲和亚洲分别占世界总装机量的39.9%和35.1%。美国、菲律宾和印度尼西亚稳居世界发电总量的前三名，冰岛和萨尔瓦多的地热发电量高达本国用电总量的1/4。

美国加利福尼亚的盖瑟尔斯地热田，自1960年建造第一座12.5兆瓦的地热电站以来，地热发电事业得以迅速发展，并长期处于世界领先地位。1972年装机容量302兆瓦，1980年增至926兆瓦，1999年已达2 228兆瓦。目前，盖瑟尔斯地热田内共建了15个地热电站（图4-9），打了586眼地热井，平均井深2 590米。2012年装机容量约为700兆瓦，仍然是世界上最大的地热电站。至2012年，美国地热发电的总装机容量达3 093兆瓦，稳居世界第一。

菲律宾和印度尼西亚均为环太平洋火山带的火山岛国，火山遍布全国，活火山随时有喷发的可能，给两国高温地热田的形成提供了良好的热源条件。两国均因20世纪70年代的能源危机，开始进行地热勘探和地热发电试验。菲律宾于1977年开始大规模建造地热发电厂（图4-10），1980年全国的地热发电容量就高达446兆

▲ 图4-9　美国盖瑟尔斯地热田的地热电站

▲ 图4-10　菲律宾东格内罗地热电站

瓦。到2010年，菲律宾地热发电容量已增至1 904兆瓦，约占世界地热发电总量的23%，占全国能源总量的12.94%，超过意大利，成为仅次于美国的地热发电大国。

印度尼西亚于1982年在爪哇岛卡莫章火山建造了第一座地热发电厂，目前已建有7座地热电站。西爪哇省的哇扬文度地热电站（图4-11）在全球地热电站发电能力排行榜上名列第三。印度尼西亚全国地热发电总装机容量达1 197兆瓦，赶超意大利，直追菲律宾，成为世界第三。

新西兰是最早开展地热发电的四个国家之一。其高温地热田主要位于北岛的陶波火山洼陷内，地热发电多集中在怀来开和布罗德兰兹两个地热田。地热田中地热流体为汽水混合物，地热井中喷出的蒸汽含80%的水分，地热流体温度260℃，最高温度达300℃，是著名的湿蒸汽田。1949年怀拉开地热田开发，建起第一座160千瓦的地热试验电站，1958年装机容量180兆瓦的地热电站建成，也是世界上

第一座地热湿蒸汽发电站（图4-12）。1961年装机容量已达192.6兆瓦，1975年增至250兆瓦。到1999年，新西兰地热发

▲ 图4-11 印度尼西亚哇扬文度地热电站

▲ 图4-12 新西兰怀来开地热电站
（世界第一座湿蒸汽发电站）

电总装机容量为437兆瓦，占全国电量的6.08%。目前，新西兰地热发电总装机容量已达628兆瓦。

冰岛1973年受到能源危机的冲击，才走上了大规模利用地热发电的道路。经过30年的努力，2010年冰岛电能的26%来自地热发电，建有6个地热电站，总发电装机容量达575兆瓦（图4-13）。2011年4月，时任中国国家总理温家宝到冰岛最大的地热电站——赫利舍迪地热电站（图4-14）考察时表示，将与冰岛加强合作，开发地热等清洁能源。

我国地热发电现状：我国是以中低温为主的地热资源大国，高温地热资源仅分布于藏南、滇西、川西及台湾等地，地热发电始于20世纪70年代初期，利用中低温地热水建起7处小型的地热发电试验电站，分别位于广东丰顺县汤坑镇邓屋（92℃）、湖南宁乡县灰汤（98℃）、河北怀来县后郝窑（87℃）、山东招远县的汤东温泉（98℃）、辽宁盖县熊岳（90℃）、广西象州市热水村（79℃）、江西宜春县温汤（67℃）。发电站采用闪蒸系统和双工质系统，安装了200～300千瓦的装机容量，发电试验均获成功。江西宜春县温汤进入发电机组的地热流体实际温度低于66℃，发电依然获得成功，这是世界地热发电成功的最低温度。

这些低温地热水发电，从技术上是可行的，但经济上并不划算，由于装机容量小，自我消耗大，致使发电的成本高，几年后这些地热发电站陆续关停，仅广东丰顺邓屋和湖南宁乡灰汤两处还能维持运行。

▲ 图4-13　冰岛斯瓦辛基地热电站
（地热发电兼温泉疗养）

▲ 图4-14　冰岛赫利舍迪地热电站
（冰岛最大的地热电站）

邓屋地热电站是1970年建成的我国第一座地热电站（图4-15），当时的装机容量为86千瓦。它的建成，证明用90℃左右的地下热水作为发电的热源是可行的。随着技术上的提高和采用大口径钻机打出了流量大的生产井，电站又相继安装了200千瓦和300千瓦两台发电机组。第一台机组经完成试验任务后已停止运行；第二台机组则由于质量不过关而在运行1 000小时取得必要数据后停止运行；第三台机组运转情况良好，于1984年4月移交丰顺县电力公司作为生产性电站使用。

灰汤地热电站于1972年5月开始筹建，1975年9月底建成。电站采用闪蒸法发电系统，设计功率300千瓦。由一口560米深的地热井供水，水温91℃。1975年10月中旬开始投入运行试验，经过部分改进和完善后，于1979年初达到稳定安全满负荷运行的要求，总装机容量最高达330千瓦，并向附近地区供电。

我国高温地热发电始于西藏羊八井地热田。1974年开始调查，1977年组建装机容量1 000千瓦的地热发电站，9月份羊八井第一眼高温地热井自喷，立即引入汽水分离器，将蒸汽导入试验电站，于国庆节前夕发电试验成功（图4-16），为国庆28周年光荣献礼。

▲ 图4-15　广东丰顺邓屋地热电站

▲ 图4-16　西藏羊八井地热电站

羊八井第一台地热试验机组发电成功后，于1981年、1982年相继又安装了2、3号发电机组，并取得发电成功。地热电力送上高压输电线路输往拉萨，拉萨变成光明世界。1985～1991年又完成多台地热机组的发电。至此羊八井共有9台地热发电机组，目前尚在运行的有8台机组，发电总装机容量25.08兆瓦，被誉为世界屋脊上的一颗明珠。

西藏朗日地热电站于1983～1988年间建成，装有2台1兆瓦机组，设计装机容量2兆瓦。由于地处偏远，技术力量薄弱，实际只有一台机组运行。由于水温较低，只有103～105℃，发电效率不高，处于间断运行状态。

西藏的那曲地热电站位于藏北那曲县，4眼地热井水温95～114℃。联合国援助，赠送了奥玛特公司的一台1兆瓦双工

质联合发电机组。那曲地热电站于1993年建站，1994年发电。由于结垢严重，电站间断运行至1999年停产。

西藏羊易地热电站于2011年4月奠基，2013年利用已有的两眼地热勘探井进行试验发电，地热流体温度200℃以上，目前装机容量为0.4兆瓦，电站设计总装机容量为30兆瓦。

地热采暖

地热采暖对地热水的温度要求低，一般不低于60℃就可以，现在也有利用50～60℃地热水进行采暖的。地热水采暖和普通锅炉采暖没有本质的区别，主要区别在于地热水矿化程度高，对管道系统腐蚀性较强。为此，在早期的地热水直接供暖（图4-17）的基础上，又设计出地热水间接供暖系统（图4-18）。该系统采

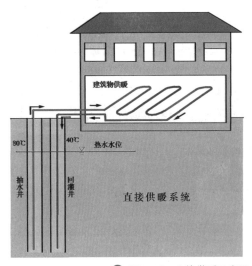

▲ 图4-17　直接供暖示意图

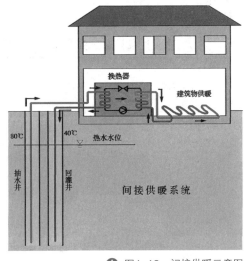

▲ 图4-18　间接供暖示意图

用换热器将地热水与供暖循环水隔开，地热水通过换热器将热量传递给洁净的循环水后回灌或综合利用，循环水通过建筑物内散热器供暖后返回到换热器再次加热循环使用。

地热采暖最早从古代引温泉入室开始，现代采用就近施工地热井，管道引地热水入室采暖（图4-19）。

1928年，冰岛第一次利用地热水采暖，首都雷克雅未克在1930年就建成了供应70幢房屋、2个露天游泳池、1所学校和1所医院的试验性地热水供热系统。20世纪五六十年代，多个国家开始利用中低温的地热水采暖。目前，利用地热水采暖的国家有冰岛、法国、匈牙利、意大利、罗马尼亚、俄罗斯、日本、中国等。其中，地热采暖利用最好的国家当属冰岛。冰岛的地热采暖系统相当完善，地热采暖已占全国采暖面积的90%，首都雷克雅未克则高达99.9%，成为名副其实的"无烟城"。

法国巴黎是利用低温地热资源供暖

▼ 图4-19　地热采暖地热井施工及供热管网

地热供暖管网

的典范。巴黎盆地利用废弃的油井提取70℃的地热水，为3 300套住宅提供供暖，取得成功后，又先后为40万～50万套住宅提供供暖。

新西兰北岛的罗托鲁阿市被誉为地热城，共有700多眼地热井，井深60～120米，热水最高温度可达194℃。这里多数的建筑物都用上了地热供暖。特别是市政大楼建筑群，7座楼1万多平方米，采用地热水由一个中心供热房的热交换器提供热源。宾馆冬季用地热供暖，夏季利用地热

作为动力制冷，为房间提供冷气。

中国是全球地热采暖面积最大的国家，且近20年来发展迅速。1999年，全国地热采暖面积仅190万平方米，到2002年已增至1 362万平方米，目前，全国地热采暖面积超过1亿平方米。地处华北平原的北京、天津、河北、山东、河南等省份是我国地热采暖利用较好的区域，其中，天津利用地热采暖一直走在全国的前列，全市2012年地热采暖面积达1 550万平方米（图4-20）。

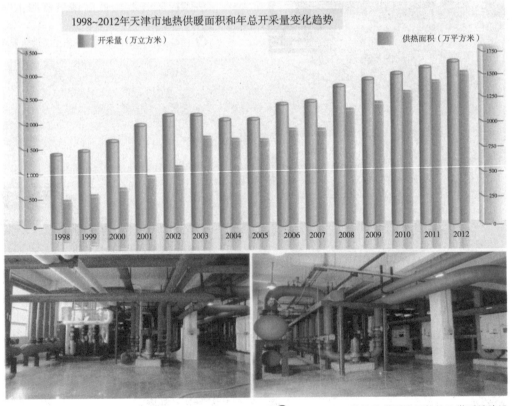

▲ 图4-20　天津地热供暖发展趋势及供暖站建设

天津奥林匹克中心（图4-21）利用地热对体育场馆服务区进行供暖，供暖面积7万平方米，地热水原始温度76℃，供水温度70℃，尾水温度30℃，采用两采一灌的地热利用与循环模式（图4-22）。

山东省利用地热采暖起步较晚，但发展较快，主要集中在鲁北平原及黄河三角洲一带，2013年全省地热井超过850眼，地热采暖面积达2 700万平方米。

地热资源不仅可以用来直接采暖，还可以利用其热能作为动力进行制冷。地热制冷采用的是热泵技术，与地热采暖相结合，实现冬夏两季冷暖空调，大大节省了能源消耗，清洁了环境。

地热烘干

地热干燥是利用中低温地热水中的高热焓部分，经过热交换器产生热风，对不同物料进行脱水处理的过程，达到产品深加工的目的。地热干燥后的尾水

▲ 图4-21　天津奥体匹克中心

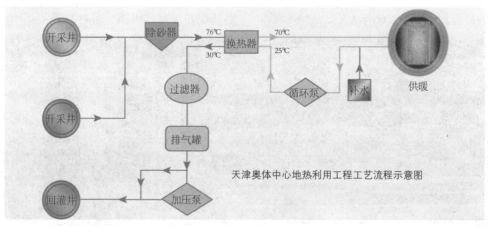

▲ 图4-22　天津奥林匹克中心地热供暖与地热水循环示意图

仍可以进行综合利用，如采暖、种植、养殖等。

地热烘干应用于许多工业环节，如造纸过程中的原木、纸浆和纸张的烘干，纺织过程中丝毛原材料及成品的烘干，食品加工过程中的脱水和干燥等。

美国有两套利用地热水给洋葱和大蒜脱水烘干的设备，地热水的温度为146～132℃，每小时可处理12吨洋葱。据我国地热烘干的实践证明，地热水温度达到70℃以上，就可通过热交换器产生55℃以上的热风，用于农副产品的脱水和烘干，如粮食、蔬菜、动物饲料，混凝土、高岭土、煤等原材料以及污水处理中污泥的脱水等。地热水温度越高，烘干产生的经济效益也越高。

理疗保健

人类对地热资源的利用是从直接利用开始的，而直接利用又是从温泉洗浴和疗疾开始的。据印度梵文记载，早在公元前4000多年，就有人宣扬温泉洗浴的好处；公元前2000年左右，古希腊就有温泉水可以治病的记载；矿泉浴疗曾在古希腊和古罗马盛极一时，在世界名著《斯巴达克斯》中就有古罗马时期贵族们进行热矿泉浴的描述，古罗马建造的温泉浴场现在还有迹可循（图4-23）。

▲ 图4-23　古罗马浴场遗址

我国直接利用地热水的历史悠久。春秋战国时期（公元前5世纪）成书的黄帝内经《灵枢篇》记载"神农尝百草之滋味，水泉之甘苦，令民知所避就，一日而遇七十毒"，推算至少在公元前2500年左右，我们的祖先就知道不同的水泉对人体的利弊。在《礼记》中记有"头有创则沐，身有疾则浴"，是最早利用温泉的文字记载。

相传陕西临潼华清池温泉在西周时就开始利用，周幽王曾在此建骊宫，秦始皇以石筑室，名"神女汤泉"，用以沐浴疗疾。汉武帝时扩建骊宫，唐太宗贞观十八年（644年）在此建立"汤泉宫"，唐高宗时期改为"温泉宫"，唐玄宗天宝六年（747年）正式命名为"华清宫"，因华清宫建在温泉之上，故又名华清池。类似具有历史渊源的温泉还有北京小汤山温泉、河北唐山遵化汤泉、辽宁鞍山汤岗子温泉、重庆北温泉和台湾北投温泉等。

小汤山的温泉历史悠久，享有盛名。温泉水的利用可追溯到南北朝时郦道元在《水经注》中的记载，距今已有1 500多年的历史。元代更把小汤山温泉称为"圣汤"。明代曾在主泉口的周围修筑汉白玉围栏，明武宗曾留下"沧海隆冬也异常，小池何自暖如汤"的诗句。清朝时康熙、乾隆皇帝在小汤山修建了行宫，并御笔题词"九华兮秀"，乾隆皇帝还曾留下了行宫听政的佳话。晚清，慈禧太后曾多次到汤泉行宫洗浴，其浴池遗址至今犹存（图4-24）。

🔺 图4-24 北京小汤山温泉

遵化汤泉水温高达62～68℃，富含氟、硫等14种对人体有益的微量元素及矿物质，具有很高的医疗保健作用，被称为"京东第一泉"（图4-25）。从唐代开始，这里就是历代皇家洗浴之地。唐太宗李世民曾于此地洗浴疗疾，赐建"福泉寺"，设立"福泉公馆"。辽国的萧太后冬日出巡狩猎经常到此，并修建了"梳妆楼"。明武宗皇帝行猎驻扎在此，建"观音殿"赐名"福泉庵"。明朝蓟镇总兵戚继光在此修建"流杯亭"和温泉总池，并立"六棱石幢"刻记当时汤泉胜景。这里是满清王朝入关后发现的第一个温泉，顺治、康熙两帝都对汤泉进行了开发，留下了许多建筑遗产和美妙传说。

汤岗子温泉疗养院是全国四大康复中心之一，温泉温度达72℃，并含有钾、镁、氢、钠等30余种微量元素（图4-26）。用温泉水和热矿泥配合按摩、针灸等疗法，对风湿性关节炎、皮肤病等都有明显疗效，尤其是这里的热矿泥号称亚洲第一泥。据《海城县志》记载，唐代贞观十八年温泉即被发现。传说唐太宗李世民东征时曾至此并赴泉"坐汤"（沐浴）。中国末代皇帝溥仪居住的"龙宫温泉"和东北军阀张作霖修建

▼ 图4-25　河北唐山遵化汤泉

的"龙宫别墅"均保存完好，已成为康复和旅游的胜地。

重庆北温泉于南朝刘宋景平元年（423年）初建温泉寺，明宣德七年（1432年）重建。1927年卢作孚创办嘉陵江温泉公园，增建温泉游泳池与浴室、餐厅等旅游设施，后更名为重庆北温泉公园（图4-27）。黄炎培在此写下"数帆楼外数风帆，峡过观音见两山。未必中有名利

▲ 图4-26 辽宁鞍山汤冈子温泉

🔻 图4-27 重庆北温泉

客，清幽我亦泛烟岚。"抗战时期，蒋介石、林森、周恩来夫妇曾多次来此住宿。北温泉温度38℃，接近人体体温，水质好，含铁、氟、锂、硼、锶等微量元素，尤其还含放射性元素氡，具有较好的医疗保健作用。

据史书记载，早在春秋战国时期，山东的温泉就被发现，宋代时被广泛利用。位于威海宝泉路上的宝泉汤明代即被当地人发现，"清清沸液，四季翻腾，周而复始，冲涌不竭"，古人视之为神水，吸引方圆几十里的乡人前来洗浴泡汤。那时拥沙为穴，集水而浴，大有"开襟新浴后，风雪不知寒"之感。

公元前86年，山东临沂汤头即已建村，汉昭帝封刘安国为温水侯；北魏时期，水文学家郦道元曾到此处勘查，其《水经注》就有"汤泉入沂"之说。

温泉疗疾的神奇主要通过洗浴（俗称泡温泉）（图4-28），依靠地热水的温

▼ 图4-28　温泉泡浴与足浴

度、压力、浮力以及放射性元素对人体的物理作用，再通过地热水中所含各种气体、矿物质、微量元素的化学作用综合发挥疗效。

温热作用：温泉沐浴，首先通过温度对皮肤产生冷热刺激，引起皮下血管和神经扩展和收缩，从而引起机体内部相关器官和相应系统的不同生理反应。经常温泉沐浴对神经系统抑制弱化、动脉硬化、高血压、脑出血后遗症的功能恢复有一定的疗效。

根据温度高低，温泉沐浴又可分为低温温浴（水温低于34℃）、不感温浴（水温在34～36℃）、温热浴（水温在37～39℃）、中温热浴（水温在39～42℃）、高温热浴（水温在42～44℃），水温超过44℃，人体的耐受性变差。

静压作用：人体在沐浴时，胸围和四肢都会因静水压力而缩减，而温泉因矿物质含量较高，水的密度大于普通水，压力会更大，因而吸气时会感到困难，呼气时感到舒畅，加强了呼吸运动和气体代谢，对肺气肿和支气管哮喘病人有利。同时静水压力使软组织收缩，促进四肢特别是下肢静脉血液的回流，促进了血液循环和物质代谢，加强了胸腔功能。

浮力作用：温泉的密度比普通淡水高，因而人体在温泉中的浮力高于淡水。由于浮力的关系，肢体重量在水中变轻，有利于有运动障碍的肢体运动，加之温热作用促进肢体血液循环，为僵硬关节、麻痹肢体、瘫痪肌肉的患者提供恢复功能的良好治疗条件。

化学作用：温泉存在的矿物质和微量元素，不仅是人体所需各种元素的天然补充剂，还可以通过某种特定的元素聚集进行疗疾。饮用时，化学元素通过胃黏膜吸收进入血液循环发挥作用；沐浴时，通过皮肤进入人体，有的不经过皮肤吸收，而是附着在皮肤上，形成有医疗价值的药分子薄膜，对人体的末梢神经感受器发生作用。沐浴时，气体成分还可经呼吸道进入体内，从而发挥治疗和保健作用。这些含有医学上活泼的微量组分、放射性元素，对人体的机体起良好生理作用的地热水（包括温泉），称之为医疗热矿水（表4-1）。

表4-1　　　　　　　　　　理疗热矿泉水水质标准

单位：mg/L

成　分	有医疗价值浓度	矿水浓度	命名矿水浓度	矿水名称
二氧化碳	250	250	1000	碳酸水
总硫化氢	1	1	2	硫化氢水
氟	1	2	2	氟水
溴	5	5	25	溴水
碘	1	1	5	碘水
锶	10	10	10	锶水
铁	10	10	10	铁水
锂	1	1	5	锂水
钡	5	5	5	钡水
偏硼酸	1.2	5	50	硼水
偏硅酸	25	25	50	硅水
氡（Bq/L）	37	47.14	129.5	氡水
温度（℃）	≥34			温水
矿化度	<1 000			淡水

医疗热矿水按矿物成分及其含量可分为氡水、碳酸水、硫化氢水、氟水、溴水、碘水、锶水、铁水、锂水、钡水、偏硼酸水、偏硅酸水、温水、淡水等14种，通过洗浴或饮用（符合饮用矿泉水标准）进行治疗、辅助治疗或保健，有时能产生意想不到的效果。常见的理疗热矿水有如下几种：

氡水：氡是一种惰性气体，具有放射性，其半衰期仅92小时，大约经过1个月时间其所含氡即可全部蜕变掉，因此不会在人体内积蓄。地热水中的氡透过皮肤进入体内，随血液循环遍布全身，能改善中枢神经系统的兴奋和抑制过程，能起到加深睡眠、减轻疼痛、调节心率和血压、调整内分泌等的作用，还能影响妇女月经周期和卵巢功能，对妇女不孕不育症有辅助疗效。

自20世纪60年代以来，先后有多名不孕不育妇女到河南临汝的氡泉进行浴疗，取得较好效果。日本的氡泉被誉为"授子汤"，氡含量较高。

我国最著名的氡泉是辽宁省辽阳的汤河温泉，每升水含氡高达1 657~6 852 Bq，是我国氡含量最高的温泉。云南建水县曲江温泉氡含量达400~ 430 Bq/L，有"西南第一氡泉""中国西部最具医疗价值的氡温泉"之称。

氡水浴用适应于高血压、冠心病、闭塞性动脉内膜炎、心肌炎、慢性关节炎、类风湿性关节炎、慢性脊椎炎、周围神经炎、慢性皮炎等症。支气管炎、偏头痛、神经痛等症在浴用的同时配合吸入疗法，效果较佳。饮用适应于痛风、尿结石、风湿病、神经痛、胆石症、消化不良等症。

碳酸水：富含二氧化碳气体的地热水，对心血管疾病有显著疗效，对肥胖症和各种代谢障碍疾病也有良好的辅助疗效。碳酸浴能使皮肤血管高度扩张，循环血量显著增加，还能增加静脉张力，降低动脉血压。饮用碳酸水能增强胃的血液循环，促进胃液中游离盐酸分泌，促进肠胃蠕动。

碳酸泉温度一般较低，我国低温碳酸泉中最著名的是黑龙江的五大连池。藏南、滇西、川西以及台湾等地还分布较多的高温碳酸泉，云南丽江发现的温泉，90%为碳酸型温泉，自古以来当地群众通过饮用和洗浴来治疗疾病。

硫化氢水：富含硫化氢气体的地热水，有较浓的臭鸡蛋气味，主要通过洗浴治疗皮肤病。硫化氢通过接触皮肤上皮形成硫化碱，软化皮肤，溶解角质，助长肉芽，促进上皮细胞新生。硫化氢透入皮肤，刺激皮肤的神经末梢和血管壁的内感受器，使皮肤产生胺物质，增强皮肤血液循环，改善皮肤新陈代谢，降低敏感性，因此，对银屑病、神经性皮炎以及湿疹等慢性皮肤病有较好疗效。

明朝李时珍在《本草纲目》中记载了庐山温泉治疗皮肤病："患有疥癣、风癫、杨梅疮者，饱食入浴，久浴后出汗，以旬日自愈。"该温泉硫化氢含量高达3.5 mg/L，目前开发成温泉疗养院（图4-29）。

硅水：富含偏硅酸的地热水。硅酸是人体生长、骨骼发育中不可或缺的成分。偏硅酸水，饮用时对动脉硬化和心血管病有较好的辅助疗效。洗浴时对皮肤有洁净和消炎作用，适应于湿疹、牛皮癣、荨麻疹等。

铁水：地热水中的铁对贫血有良好疗效。饮用时主要吸收水中的二价铁离子。铁水具有收敛作用，洗浴时对皮肤病和妇科黏膜病有较好疗效。

氟水：即富含氟的地热水。湖北英山县含氟的地热水，用于治疗关节炎和牛皮癣，疗效显著。

▽ 图4-29　江西庐山温泉沐浴疗疾

碘水：碘存在于高矿化热水中，除皮肤吸收外，还可通过呼吸及黏膜吸收。碘水饮用时主要适用于缺碘性疾病，包括月经失调、更年期综合征、高血压、动脉硬化等。洗浴时，主要适应动脉硬化、甲亢、皮肤病及风湿性关节炎等症。

溴水：溴存在于高矿化热水中，具有抑制中枢神经系统的功能，因而起到镇定作用。饮用和洗浴时，适应于神经官能症、植物神经紊乱症、失眠症等。

江西宜春的温汤是全国独一无二的富硒温泉（图4-30），有明显的强身健体及抗癌作用。据有关部门调查发现，新中国成立60多年来，温汤镇居民没有发现一例癌症病例，这或许与温汤镇居民常年取用富硒的温泉水有直接关系。

利用地热自然景观，如地热喷泉、间歇喷泉、沸泉、沸泥塘、热泉华、热水湖等，开发地热景观旅游，或利用当地的地热资源及秀美的自然景观及历史文化，人工开发集温泉洗浴、温泉游泳、温泉养殖、温泉种植、会议、餐饮、娱乐、度假于一体的地热旅游项目，使地热资源充分产生经济效益，是目前地热资源综合利用的趋势。

一眼神奇的温泉

明月山下的温汤温泉，1000多年来涌流不息，位不降，水温不减常年保持在68~72℃，经国家检测中心和中国医学科学院检验分析属高温度优质温泉，含硒等27种对人体有益的纯天然矿物精华及微量元素，是富硒天然珍贵矿泉水，可饮可浴，饮之莹媚甘甜，浴之凝脂光滑。对风湿性关节炎、肩周炎及腰椎、颈椎等病均有明显疗效，并可防癌

▼ 图4-30　江西宜春温汤

旅游休闲

国的黄石公园世界闻名，创建于 1872年，是全世界第一个国家公园，联合国教科文组织将其列为首批世界文化和自然遗产名单。其内最令人瞩目的

▲ 图4-31　美国黄石公园地热景观

自然遗产和观赏景点，莫过于其间歇喷泉群和泉华。公园内有近万个间歇性喷泉，其中的老实泉和城堡喷泉最为典型（图4-31）。据资料，每年进入黄石公园的全世界游客多达30万人。老实泉每隔64.5分钟喷发一次，每次持续4～5分钟，百余年来，守时不逾。每次喷射出约45立方米的地热水，温度80～90℃，喷射高度40～70米，喷射场面十分壮观。

我国西安临潼华清池温泉，是久负盛名的旅游胜地。它将华清池温泉与中国历史及皇家文化有机地结合起来（图4-32），成为西安重要的旅游景点和游人必到的旅游胜地。近年来，利用温泉或人工打热水井的方式，开辟温泉游泳、温泉洗浴、健身娱乐、会议及餐饮、热带观赏植物种植、热带观赏鱼养殖等项目，吸引游人或社会团体，成为当地旅游资源的重要补充。

▲ 图4-32　西安华清池温泉

农业生产

地热资源用于农业生产的历史由来已久，用途广泛。主要用于地热温室种植和水产养殖两大领域。此外，还有室外土壤加温等。

地热温室

地热温室用于高寒地带或冬季农作物的种植，尤以蔬菜种植为主，同时还是培育苗木、花卉（图4-33）、温寒带种

▲ 图4-33 江北最大蝴蝶兰地热养殖基地

▲图4-34　地热温室种植热带水果——香蕉

植热带水果的场所（图4-34）和孵化鸡、鸭、鹌鹑、孔雀等家禽的孵化箱。

冰岛的土地过去只能种植土豆，除土豆和鱼以外的所有食品全部依赖进口。20世纪20年代开始，冰岛利用地热建起了温室，种植蔬菜、水果、蘑菇、花卉，现在人均有1平方米以上的温室，首都还建有地热植物观赏园。

日本的地热温室主要用于园艺，栽培的鲜花有百合花、兰花、菊花、石竹等，也生产盆花，同时种植一些瓜果蔬菜。

美国于1969年在俄勒冈州的可瓦利斯附近进行过地热加温土壤的田间试验。试验结果表明，谷物的产量增加了45%，西红柿增产50%，大豆增产66%，菜豆增产39%。此外，谷物的质量也有所提高。

新西兰将地热水直接引入温室，栽种蘑菇、培育树苗，同时，还利用地热水对土壤进行杀菌。

我国有地热分布的北方地区，大部分都建有地热温室，主要生产蔬菜、瓜果和花卉。西藏羊八井海拔高，年平均气温低，过去当地牧民根本吃不上蔬菜。自羊八井地热电站建成后，利用地热水建造了上万平方米的温室，种植多种蔬菜和瓜果，牧民一年四季都能吃上新鲜蔬菜。

地热养殖

地热养殖对地热水温度要求不高，一般低温地热水就能满足要求，同时，还可将地热采暖、温室以及工业利用过的地热水再次利用，使地热资源利用率大大提高。只要水质符合要求，地热水和二次利用的地热尾水可以直接进入养殖池，既用热又用水。地热养殖包括地热水产养殖和鱼苗越冬，冬季温室大棚越冬与露天池养殖相结合。养殖类型包括生产性养殖和观赏性养殖两种。生产性地热养殖的鱼类有鳗鱼、鲑鱼、河蟹、甲鱼、罗非鱼、方鱼、银鲫、鲤鱼、鲢鱼等。观赏性地热养殖的鱼类有金鱼、热带鱼、锦鲤、鳄鱼等（图4-35）。

日本在北海道和鹿儿岛用地热水养殖鳗鱼，在南伊豆町热河香蕉园和鳄鱼园用地热水饲养短鼻鳄鱼。冰岛柯拉夫焦特试验渔场每年每场生产小鲑鱼30万尾。美国最大的鱼苗供应商之一Ameri Culture公司，年产鱼苗400万～700万尾。

我国的湖北、广东、福建等地积累了丰富的地热养殖经验，尤其是福建，几乎有温泉的地方都建有地热养殖场，一年四季都在培育和养殖罗非鱼、鳗鱼等名贵品种。

▲ 图4-35 地热养殖罗非鱼、鳄鱼

工业生产

地热能在工业领域的用途较多，可以用于任何一种形式的供热制冷、烘干和蒸馏过程。同时，地热流体本身也是一种原料，地热水中有用的化学成分可以通过工业流程提取，地热蒸汽可能含有工业用途的不凝气体等。

造纸与木材加工

造纸工业的工艺过程中，需要地热加工的主要是纸浆、蒸煮和烘干。新西兰塔斯曼公司的纸浆和纸张工厂是利用天然地热蒸汽的第一座重要造纸厂。

纺织、印染、缫丝

我国天津、北京及湖北等地的许多轻纺工业流程中的纺织、印染和缫丝工序，都利用了地热水进行生产或满足某些特殊工业所需的热水。这样不仅节省能源，生产出来的产品质量也有所提高，增加了产品色调的鲜艳度，着色率也明显提高，并使一些毛织品手感柔软，富有弹性。

工业提纯

地热水中含有大量的有用矿物质和稀有元素，也叫矿水，如碘、溴、钾、锶、锂、锌、铷、铯、硅、硼等，是国防、化工、农业等领域不可缺少的原料。

意大利拉得瑞罗自1812年起，就开始引热矿水到大锅中，用木材蒸干，从残渣中提取硼酸，到1827年，开始利用天然蒸汽孔中的热蒸汽代替木材蒸干热矿水提取硼酸。

世界上最大的两家地热应用工厂是冰岛的硅藻土厂和新西兰的纸浆厂。

美国加州索尔顿海有10套地热发电机组在运行，其中的4个机组利用发电所用过的热卤水提取锌，目前正研究提取硅和镁的工业流程。

我国民间从地热水中提取元素也有相当长的历史，四川省自贡县早在汉代以前就从高矿化的地热水中提取盐类，云南省腾冲和洱源县从温泉中提取自然硫等。

梯级利用

地热流体在一次利用后其流量、温度及矿物质含量还存在可再次利用的价值。梯级利用即根据地热流体的数量、质量和温度特征，采取系统合理的经济技术措施和方案，逐级、逐步地进行综合利用，避免造成地热资源浪费。

按温度的梯级利用

Ⅰ级：主要用于发电、烘干等工业利用和采暖，流体温度大于150℃。

Ⅱ级：主要用于烘干、发电等和采暖，温度在90～150℃。

Ⅲ级：主要用于采暖、医疗、洗浴和温室种植，温度在60～90℃。

Ⅳ级：主要用于医疗、休闲洗浴、采暖、温室种植和养殖，温度在40～60℃。

Ⅴ级：主要为洗浴、温室种植、养殖、农灌和采用热泵技术的制冷供热，温度在25～40℃（图4-36）。

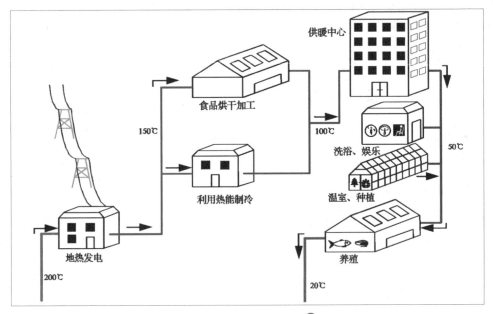

▲ 图4-36 地热资源梯级利用示意图

目前，地热资源大都采用梯级利用的方式，既提高了地热资源的利用效率，也避免了地热资源的浪费，做到物尽其用。对高温地热资源而言，发电后的地热水温度仍然较高，可以用来供暖和发展温室，高寒地带可以用来游泳和洗浴。如冰岛斯瓦辛基地热田，发电后将地热水排入露天的大湖中，用来温泉疗养和游泳。

湖南宁乡的灰汤，首先利用92℃的地热水发电，地热电站排出的水，温度为68℃，一部分送往农业温室，另一部分送往规模较大的省总工会疗养院使用，同时，还供给澡堂、卫生院、商店及附近居民热水。

天津地热资源均属中、低温，在供暖过程中利用温度的梯级进行不同方式的供暖（图4-37），取得较好的经济效益和环境效益。

按矿物质组分及含量综合利用

矿物质或有益元素含量符合医疗热矿水命名或分类水质标准的地热流体，可以用来进行洗浴，达到疗疾或保健作用。

矿物质或有用元素含量达到工业提取最低含量标准的地热流体，可用来进行工业提纯。

矿物质或有益元素含量符合饮用矿泉饮用水水质标准的地热流体，可以作为矿泉水饮用。

地热流体质量符合农业灌溉水质标准和渔业水质标准的，可以进行农田灌溉或进行养殖。

符合工业其他用途标准的地热水，可用于不同目的的工业用水。

多数用途还应评价地热流体的腐蚀性和结垢性。

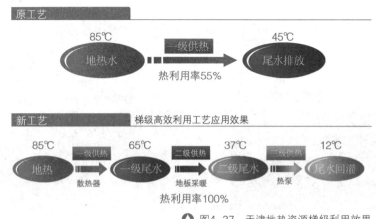

▲ 图4-37　天津地热资源梯级利用效果

回灌技术

地热回灌是指人工通过钻井和加压的方式将流体注入地下热储层的过程。被注入的流体一般为地热尾水，也可将地表水或常温地下水注入热储层，使之被加热。地热资源的回灌不仅保护环境，还是加速地热资源再生的有效途径。

地热流体一般矿物质含量较高，有些还具有腐蚀性和结垢性，地热尾水若直接排入浅部环境，对环境将产生一定的危害。

同时，地热资源因埋藏深度较大，与浅部环境水量交换相对困难，其再生速度十分缓慢，大量开采必将产生地热资源的枯竭，同时还可能产生诸如地面沉降等地质灾害。地热尾水的回灌，增加了地热流体的补给来源，抬升了地下热水的水位，降低了开采成本，最重要的是保护了地热资源和环境。因此，在地热资源开采时，要求采用采灌相结合的方式。

地热回灌根据地热田的条件，有多种方式，普遍的方式是"一采一灌"的对井模式，即一个井开采，一个井回灌（图4-38）。

对井方式有开采井和回灌井相对固

地热回灌技术模型

▲ 图4-38 地热回灌技术模型

定的，也有开采井和回灌井不固定、轮流采灌的；有"两采一灌"的三井模式，也有多井轮流开采回灌的多井模式。回灌层可以是同一热储层，也可以是不同热储层。

法国巴黎盆地地热田最先开始地热回灌。为了达到地热水的可持续利用和防止尾水排放对环境的污染，政府有关部门实施"对井系统"的开发利用模式，即打一口地热生产井的同时，必须打一口地热回灌井。法国开创的在中低温热水盆地中实施的"对井系统"工程在国际上享有盛誉。

我国天津在地热回灌方面在全国处于领先地位，开辟了同层对井（图4-39）、异层对井（图4-40）、同层两采一灌（图4-41）等多种地热回灌模式。目前，我国也正在制定地热开发利用规划，今后所有地热资源的开采均采用开采—回灌模式，以促进地热资源的再生和保护环境。

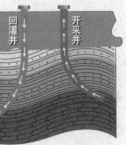
同层对井采灌开采模式

▲ 图4-39　天津华馨公寓采用同层对井开采模式

▲ 图4-40　天津今晚报大楼采用异层对井开采模式

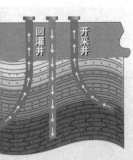
异层对井采灌开采模式

同层两采一灌开采模式

▲ 图4-41　天津奥体中心采用同层两采一灌开采模式

Part 5 地热分布巡礼

　　高温地热资源主要分布在板块边缘地带，全球有四个主要高温地热带，已发现多个著名的高温地热田。中低温地热资源主要分布在板块内部，分布范围广、地热田面积大，地热资源丰富。世界著名的大盆地内，都发现了丰富的中低温地热资源。我国高温地热资源主要分布于藏南、川西、滇西以及台湾一带，中低温地热资源主要分布在沉积盆地之中。

全球四大地热带

全球高温地热资源主要分布在板块边缘地带，中低温地热资源主要分布在板块内部盆地。全球有四个大的高温地热带，还有许多著名的中低温地热田。

全球地热资源主要分布带

全球地热资源主要分布在四个大的地热带上，分别是环太平洋地热带、地中海—喜马拉雅地热带、红海—亚丁湾—东非裂谷地热带、大西洋中脊地热带（图5-1）。

环太平洋地热带：是一个沿地壳构造活动带展布的巨型环球带，位于欧亚、

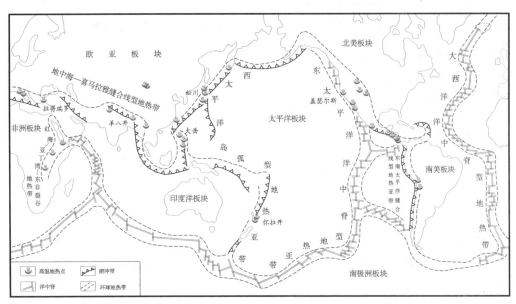

▲ 图5-1　全球地热带分布

印度洋及美洲三大板块与太平洋板块的边界，与环太平洋火山带、环太平洋地震带位置一致。包括东太平洋洋中脊型、西太平洋岛弧型和东南太平洋缝合线型三个地热亚带。环太平洋地热带以显著的高热流、年轻的造山运动和活火山活动为特点，分布范围包括阿留申群岛、堪察加半岛、千岛群岛、日本、中国台湾、菲律宾、印度尼西亚、新西兰、智利墨西哥以及美国西部。目前，世界上发现的高温地热田大多集中在环太平洋地热带上。

环太平洋地热带热储温度250～300℃，最高可达近400℃。其中，著名的高温地热田有堪察加半岛上的鲍惹茨卡地热田（200℃）、日本的松川地热田（250℃）及大岳地热田（206℃）、中国台湾的大屯地热田（293℃）、新西兰北岛的怀拉基（266℃）、卡韦劳（285℃）及布罗德兰兹地热田（296℃）、美国的加利福尼亚盖瑟尔斯（288℃）、索尔顿湖地热田（360℃）及新墨西哥州的瓦勒斯地热田（290℃）、智利的埃尔塔蒂奥地热田（221℃）、墨西哥的赛罗普列埃托地热田（388℃）。

此外，在东太平洋海域的加拉帕戈斯群岛附近，水深2 620米处发现了世界最大的洋底喷泉，水温300℃以上，并含大量的铁、钴、锰、铜、锌、铅、银等金属元素。

地中海—喜马拉雅地热带：是地球内热活动在陆表的主要活动显示带。沿欧亚板块及非洲、印度等大陆板块碰撞结合地带展布，其分布范围与地中海—喜马拉雅地震带基本一致，以年轻造山运动、现代火山作用、岩浆侵入及高热流为主要特征。该地热带西起地中海北岸的意大利，东南经土耳其、巴基斯坦进入我国西藏阿里地区西南部，向东经雅鲁藏布江流域至怒江，而后向东南与云南省西部地热活动带相接。意大利的拉得瑞罗地热田（245℃）、土耳其的克泽尔代尔地热田（200℃）、我国西藏的羊八井和羊易地热田及云南腾冲的热海等均位于该地热带，热储温度一般150～200℃，目前最高温度为我国西藏羊八井北区的329.8℃。

大西洋中脊地热带：出露在大西洋中脊的一个巨型环球地热带，沿美洲与欧亚、非洲等板块边界展布，以高热流、强烈高温地热活动、活火山活动、现代断裂活动以及频繁的地震活动为主要特点。沿大西洋中脊有许多火山岛，最年轻的是位于冰岛西南部的萨特塞岛，它是

1963～1967年间由大西洋底火山喷发形成露出海面的一个新生岛屿。大西洋中脊露出海面的部分主要有冰岛、亚速尔群岛、阿森松群岛等。

冰岛平均每5年就有一次较大火山喷发，其热储著名的高温地热田均在新火山带上，热储温度多在200℃以上。目前，有大量证据表明，大西洋中脊的海域部分，也存在强烈的水热活动。

红海—亚丁湾—东非裂谷地热带：沿洋中脊扩张带及大陆裂谷带展布，位于阿拉伯板块与非洲板块的边界，以高热流、现代火山活动以及断裂活动为主要特点。该地热带至亚丁湾向北至红海，向南可能与东非大裂谷连接。目前，已发现勘查的地热田有位于埃塞俄比亚与索马里之间阿法尔三角地的吉布提地热田、埃塞俄比亚的达诺尔地热田（200℃）、肯尼亚的奥加利亚地热田（287℃）等，热储温度均在200℃以上。此外，在红海海底发现热卤水渊，温度34～57℃，含大量的铁、钴、锰、铜等金属元素。

全球著名的高温地热田

美国加利福尼亚盖瑟尔斯地热田：位于美国西部加利福尼亚西海岸山脉区，是世界上最大的地热田，也是正在被开发利用为数不多的干蒸汽地热田之一，这里有世界上装机容量最大的地热发电站。虽然地表地热显示不多，仅少量的热泉和蒸汽裂口，但地热田蕴藏着丰富的高温蒸汽。地热田范围内广泛发生新近纪和第四纪（*两千多万年以来*）火山活动。地热田热储为富兰西斯科硬砂岩，厚度达数千米，由于受到火山活动的热蚀变作用，透水性很好，上部约700米厚的隔热隔水的粉砂岩成为其盖层。地热田蒸汽来源于大气降水，下渗到地下被正在冷却的火山物质及炽热的岩浆加热，上升到透水的硬砂层储存。经多年开采后，热储上部为蒸汽，下部为沸水。该地热田的范围和深度还在进一步勘探之中。目前的装机容量为2 228兆瓦，据专家推算，若地热田全部开发，发电装机容量可达3 000～4 000兆瓦。

日本大岳地热田：位于日本九州岛大分县境内的九重山火山群最高峰九重山西北数千米处，约在阿苏破火山口与别府矿泉之间，有大量的地表高温水热活动，如热泉、喷气孔、热液蚀变带等。地热田的热储和盖层物质均由发生在距今两千多万年以来的火山喷发所提供，三次较大的火山喷发，形成三层火山杂岩系，第三层深度大于1 000米，透水性较好，是地热田的热储层，上面两层透水性差，是其盖层。大气降水渗入地下岩层，被炽热的岩浆加热后上升，在热储层储藏。

大岳地热田1967年建起13兆瓦的地热发电站，目前还在扩建，计划装机容量扩展到180兆瓦（图5-2）。

意大利拉得瑞罗地热田：位于意大利罗马西北的托斯卡纳，是世界著名的干蒸汽田之一，蒸汽温度达260℃，也是世界开发最早的地热田，自1904年首次利用地热蒸汽发电成功以来，电站装机容量一直排在世界前列。地热田范围内有大量热泉、热水池、喷气孔、蚀变带等地表地热显示。拉得瑞罗地热田虽然与近代火山没有直接关系，但其6 000～8 000米的地下存在岩浆侵入体，是地热田的"热锅"。地热田面积约为2.5平方千米。热储层为透水性较好的石灰岩地层，埋深在1 000米以上，厚度数百米。深井勘探发现基底变质岩中存在几层渗透性较好

▲ 图5-2　大岳地热田建起日本最大的地热发电站

的热储层，埋深3 000～4 000米，盖层为黏土层。大气降水渗入地下的石灰岩层，被炽热的岩浆加热后在各热储层中储藏。

全球著名的中低地热田

高温地热田固然引人注目，但毕竟分布范围有限，而中低温地热田分布范围十分广泛，尤其是盆地型地热田，面积大，一般数千上万平方千米，分布在世界各地，不需要特殊的地热源和热异常，正常的大地热流就足够让埋藏在一定深度内的地下水升温，不仅开发利用方便，用途也十分广泛。

匈牙利潘诺宁地热田：匈牙利在石油勘探过程中发现了盆地中蕴藏有丰富的中低温地热资源，温度多在35～89℃之间，少数超过90℃。主要利用在浴疗、地热供暖以及农业（温室）等领域。

东阿尔卑斯、喀尔巴阡山脉以及狄那里德斯山所环绕的区域通称喀尔巴阡盆地，它可再分成3个子盆地，中间最大的部分为潘诺宁盆地，由西北部的小匈牙利平原和东南部的匈牙利平原组成。

盆地上部的沉积物厚度可达3 000～4 000米，由透水的砂层和不透水的黏土层相间组成，透水的砂层成为热储层，不透水的黏土层成为盖层。沉积物下部的基底大部分为不透水的地层，局部有透水的石灰岩地层，厚度可达4 000～5 000米，构成深埋型热储层。地球深部的地热自深处向地表传递，热储中地热水的温度和矿物质含量与其所处的深度相关，深度越大，温度越高，矿物质含量也越高。

法国巴黎地热田：法国巴黎盆地是一个大型中生代（1亿～2.6亿年）沉积盆地。1957年以来，在石油勘探过程中发现了地热水。据多年的勘探资料，盆地内共有4个主要热储层，其中在2 000米深处的第三热储层，水温70～75℃，单井的热水流量每天达3 600立方米，地热水的含盐度每升高达30克，含硫化氢和二氧化碳气体。热水温度高于50℃的热储分布面积就可达15 000平方千米。

由于盆地中热水的含盐度高达35～40 g/L，为了达到热水的可持续利用和防止尾水排放对环境的污染，政府有关部门实施"对井系统"的开发利用模式，即打一口地热生产井的同时必须打一口地热回灌井。法国巴黎盆地的地热水经过换热器加工后直接输送到市区为居民供暖，部分热水还输送到工厂，作为工业用热水。

俄罗斯西西伯利亚地热田：西西伯利亚盆地沉积厚度达3 000～5 000米，最深处可达6 000米以上，由透水的砂层和不透水的泥岩相间组成，透水的砂层成为

热储层，不透水的泥岩成为盖层。基底由一系列地堑式凹陷组成，基底的形状控制了热储层的深度和厚度。热储中地热水的温度和矿物质含量与其所处的深度相关，深度越大，温度越高，矿物质含量也越高，热水中富含溴。

中国地热资源

我国各种类型的地热资源均有分布（表5-1），地热资源丰富，全国地热资源总量约占全球的7.9%（WEC，1994）。我国地热资源以中低温为主。高温地热资源主要分布于藏南、川西、滇西以及台湾一带。中低温地热资源主要分布在沉积盆地之中，此外东南沿海和胶辽半岛中低温水热活动较密集，出露较多的温泉。

中国地热资源量：根据2013年全国地热资源评价结果，全国地热资源总量为3.88×10^{22}焦耳，相当于标准煤22 100亿吨。全国地热流体每年可利用的量为3 720亿立方米，每年可利用的热量为31.96×10^{18}焦耳，相当于标准煤18.94亿万

吨。可利用的地热资源总量中，沉积盆地型地热资源占98.8%，隆起山地断裂型资源只占1.2%，总量每年仅为6.6×10^{17}焦耳，相当于标准煤2 259万吨，其中，温泉的自然放热量每年为1.32×10^{17}焦耳，相当于标准煤543万吨。

高温地热资源分布

我国高温地热资源主要分布在藏南、川西、滇西和台湾省，与其所处的特殊构造位置有关。我国位于欧亚板块的东部，为印度洋板块、太平洋板块和菲律宾板块所夹持。新生代以来，由于欧亚板块与印度洋板块碰撞，形成沿雅鲁藏布江分布的汇聚型（缝合线）大陆边缘活动带；

表5-1　中国地热资源的基本类型

地热资源类型	板缘型		板内型			
	板缘火山型	板缘非火山型	隆起山地断裂型	沉积盆地型		
				断陷盆地型	坳陷盆地型	
地质构造背景	第四纪火山区，构造活动剧烈	板块碰撞边缘，构造活动异常强烈	板内规模不一的活动断裂	裂谷型盆地，基底断裂活动明显	造山形盆地，盆地稳定下沉	克拉通型盆地，无明显的构造变动
热背景值（mW/m²）	100~120	85~100	40~75	50~75	40~50	50
地表热显示	沸泉、间歇喷泉、喷气孔、水热爆炸、热水湖等强烈多样		温泉、热水沼泽	无	无	无
盖层　岩性	火山岩、沉积岩	沉积岩、变质岩	无或盖层薄	新生界沉积岩	新生界沉积岩	中生界沉积岩
盖层　地温梯度（℃/100 m）	异常高	异常高	高	3~4，局部4~6	2~3.3	2~2.5
热储　岩性	火山岩、沉积岩	沉积岩、变质岩、岩浆岩	花岗岩为主，其他各类次之	砂岩、石灰岩	砂岩	中生界沉积岩
热储　温度（℃）	150~200	150~329	40~150	70~100（2 000 m）	50~65（2 000 m）	50~70（2 000 m）
热源	上地壳炽热火山岩浆囊	花岗岩基或壳内熔融活动	地下水深循环对流传热	正常增温局部水热对流	正常增温	正常增温
水源	大气降水，少许岩浆水	大气降水，少许岩浆水	大气降水，近海岸有海水	大气降水，古沉积水	大气降水，古沉积水	大气降水，古沉积水
载热介质	高温热水，蒸汽	高温热水，蒸汽	中低温热水	低温热水为主	低温热水	低温热水
地热田规模	一般大于10 km²	一般小于10 km²	一般小于1 km²	数百至上万km²		
地热利用方向	发电为主	发电为主	非电直接综合利用		低温咸热水，提取化工原料	
代表性地区和地热田	台湾地热带的大屯地热田，腾冲地热带的热海等地热田	喜马拉雅地热带的藏南羊八井、川西茶洛热坑等地热田	遍布各省，如东南沿海、胶辽半岛、北京小汤山、陕西临潼等地热田	华北、河淮、渭河、松辽等盆地	江汉、准噶尔、塔里木、柴达木等盆地	四川、鄂尔多斯等盆地

这也是滇西、藏南和川西地震频繁的原因。欧亚板块与菲律宾板块碰撞，形成台湾中央山脉两侧的碰撞边缘活动带。这两个活动带形成我国的两个高温地热活动带。

喜马拉雅地热带：位于喜马拉雅山脉主脊以北和冈底斯—念青唐古拉山系以南的区域，向东延伸到横断山脉，经川西甘孜后折向南，包括滇西腾冲和三江（怒江、澜沧江和金沙江）流域。该地热带西端经巴基斯坦、印度、土耳其后，与地中海地热带衔接；东端越过我国边境线进入泰国北部的清迈，向南进入印度尼西亚与环太平洋地热带相接。欧亚板块与印度洋板块碰撞，引起地壳大规模的断裂，岩浆沿断裂带侵入，使地壳重熔，为喜马拉雅地热带提供强大的热源和良好的通道。我国大陆的沸泉、间歇喷泉、水热爆炸等高热显示，都出露在该地热带上，所有著名的高温地热田均分布在该地热带上。目前，在藏南和滇西地区已考察到653个和670个地热田（刘时彬，2005），地热勘探还在进一步进行中（图5-3）。

西藏地热资源丰富，藏南、藏东、藏中、藏北均有地热资源分布，最著名的当属藏南的高温地热资源。据2013年调查，藏南共有高温地热显示明显272处，

▲ 图5-3 我国藏南地热勘探现场及地热蒸汽自喷

包括温泉58处，热泉78处，沸泉30处，喷泉和间歇喷泉9处，喷气孔、冒气地面、泉华比比皆是（图5-4）。藏南著名的地热田有羊八井、羊易、那曲等地热田，属于板缘非火山型高温地热田。

羊八井位于拉萨西北90千米的当雄县境内的山谷断陷盆地中。盆地海拔4 300米，面积约100平方千米，西北为念青唐古拉山山脉，东南侧为唐古拉山山脉，山峰海拔在5 500米以上，山顶发育着现代冰川，山谷和山麓有古冰川遗迹分布，山顶终年白雪皑皑。盆地热气弥漫，蒸汽灼人，到处都有地热露头点，硫质气孔、冒汽地面、沸泉、热泉、温泉、热水湖、热水塘、热水沼泽、蒸汽孔、水热爆炸、水热蚀变、水热矿化及泉华等随处可见。

羊八井地热田面积约15平方千米，

西藏那曲喷气孔

西藏日喀则的塔格加间歇喷泉

西藏日喀则的塔格加间歇喷泉及沸泉

西藏日喀则沸泉及硅质泉华

▲ 图5-4　我国藏南地区部分地热显示

东部有面积7 350平方米、最大水深16米的热水湖（图5-5）。隆冬时节气温低于零下20℃时，热水却保持30～40℃，可以下湖沐浴游泳，成为旅游休闲胜地。地热田北部有我国大陆第一座湿蒸汽地热电站，目前发电装机容量超过25兆瓦，估计地热能发电潜力达150兆瓦。地热田下部8 000～10 000米深处大型未固结的花岗岩基是地热田热源，相当于深埋地下的"大热锅"。

羊八井地热资源从单纯的发电发展为综合利用，近十多年来，这里建成了蔬菜种植基地、畜牧养殖基地及硼砂加工基地，其温泉洗浴更是吸引无数游人。羊八井的温泉含大量硫化氢，对多种慢性疾病都有治疗作用。

羊八井地热田自1975年开始打地热井勘探，目前共打地热井30余眼，地热井

图5-5　羊八井地热电站及热水湖

深度从几十米到2 006.8米，地热井温度140～329.8℃，1977年9月第一台发电机组试运行成功。经过近40年的开采，原有的地表热显示基本消失。

云南省地热资源分布范围广，滇东、滇西均有分布。但高温地热资源主要分布于滇西地区，滇东以中低温地热资源为主，水热活动较少。滇西高温水热活动，如水热爆炸、间歇喷泉、沸气泉、泉华等均有出现。云南最著名的地热田当属滇西的腾冲热海，为板缘火山型高温地热田。

腾冲周围有90多座火山群，处于横断山南段的高黎贡山西侧，是我国保存较好的新生代活火山群火山地貌的典型，6 000平方千米的范围内，目前发现有64个地热活动区，温泉群达80余处，地热资源极为丰富。热海是腾冲地热带热显示最强烈的地热田之一，地热田地热显示范围北起硫黄塘、南至松木箐，东起忠孝寺，西抵芭蕉园的沟谷地带，面积约1.7平方千米，有大量的沸泉、热泉、喷泉和地热蒸汽出露（图5-6）。主要地热显示点有大滚锅、黄瓜箐、鼓鸣泉、珍珠泉、眼镜泉、美女池等。

台湾地热带：位于欧亚板块与太平洋板块的边界，属环太平洋地热带的一部分，地壳活动活跃，第四纪火山活动强烈，地震频繁，是我国东南海域海岛地热活动最强烈的一个带。台湾及其附近海岛上有温泉122处，达到当地沸点的沸泉11处。其中，大屯火山区有20余座死火山，13个地热区，水热活动尤为强烈，有大量热泉、沸泉、喷气孔、硫气孔、泉华和蚀变带等。大油坑温泉区喷气孔蒸气温度可达120℃，马槽地热田于1 005米深处已获得294℃的高温蒸气，清水地热田在井深1 500～2 500米处热储温度可达226℃。该

图5-6 腾冲热海冒气地面及硫黄塘

——地学知识窗——

大滚锅

大滚锅是位于山坡灌木林中的一眼硫黄塘沸泉，呈圆形，直径约6米，深1.5米，周围用8块半圆形石板围成，终年热波喷涌，沸水昼夜翻滚不停，气浪腾腾，水声轰隆，水温高达96.6℃，俗称"大滚锅"。

地热带地热流体虽然温度高，但因矿物质含量高，且酸性强，腐蚀性大，开发利用程度不高。台湾于1981年和1985年在清水河土场建造的小型地热发电站，均因腐蚀结垢严重而停产，目前仅用于洗浴。

我国高温地热带与火山活动的关系：我国共有53个新生代火山群，但位于高温地热带且有强烈水热活动的火山群仅云南的腾冲、台湾北部的大屯和龟山岛。

台湾纵谷东侧的奇美火山，虽位于

——地学知识窗——

台湾地热谷

地热谷位于台湾北投区新北投公园旁，昔称"地狱谷"，是一个硫气及温泉的出口。温泉温度高（90~100℃），水量大，但水质呈强酸性，pH约为1.6。硫黄气由地下喷出，蒸汽弥漫（图5-7）。因硫黄温泉对皮肤病有疗效，在地热谷入口处旁，水温较低的水沟，许多民众脱掉鞋将双脚浸泡在含硫黄的泉水中。

▼ 图5-7　台湾地热谷

高温地热带上，但附近仅发现两处温度为60℃的温泉；而基隆火山附近并未发现温泉存在。

我国大陆晚新生代火山活动密集的吉林和黑龙江两省，却未呈现高温地热显示，黑龙江至今未发现温度高于25℃的温泉。著名的五大连池火山群尽管非常年轻，其中的老黑山和火烧山分别为1719年和1720年喷发而成（刘嘉麒，1987），却只产出冷矿泉水（药泉温度2.5～3℃）。吉林的5处温泉，大体分布于白头山及龙岗火山区及附近，温度不超过60℃。白头山火山在1597、1668、1702年都有喷发，白头山天池（火山口湖）附近有78℃和60℃的温泉各一处。内蒙古阿尔山火山的温泉群，也属低温温泉。包括山西大同在内的华北地区新近火山附近均无温泉出露。在昆仑山区，包括1951年有过喷发的卡尔达西火山在内的火山群及其附近均未发现温泉，仅在独尖山北侧发现8℃冷泉。

我国高温地热带与晚新生代火山活动背离的事实说明，火山活动不是高温地热资源形成的充分必要条件。火山活动与地热的关系，一要看火山活动的时代和规模，时代越新，规模越大，形成高温地热

活动的可能性就越大；二要看火山活动的类型，是板缘型的酸性火山还是板内型的基性火山。从世界范围来看，板缘型酸性火山与高温地热活动相关性好，板内型基性火山与高温地热活动关系不大。一是板内型火山规模较小，二是基性火山形成的岩浆被，散热性能良好，岩体余热散失殆尽，地壳浅部也未残留炽热的岩浆囊。中国大陆不存在消减型板缘火山，缺少年轻的酸性火山，这是我国火山众多，但高温地热资源分布范围较小的原因。

中低温地热资源分布

隆起山地断裂型地热资源（温泉分布特点）：隆起山地区发育不同时期的断裂带，经多期活动，有的在近时期活动仍然较强烈，大多成为地下水运移和上升通道。大气降水沿断裂带渗入地壳深处，不断加热增温，然后沿断裂带上升，在较低洼的地带涌出地表，形成温泉。目前，我国有两个明显的温泉密集带，形成两个中低温地热带，分别为东南沿海地热带和胶辽半岛地热带。

东南沿海地热带位于欧亚板块与太平洋板块交接带以西中国大陆内侧，包括濒临东海和南海的福建、广东和海南省，

是我国大陆东部温泉最密集的地带。其中，广东有温泉257处（广东省地矿局，1983），福建省有174处（童永福等，1985），海南省有30处（广东省地矿局，1983）。温泉水温一般在40~80℃，以广东省阳江新州温泉温度最高，达97℃，接近当地沸点。温泉地热田钻井记录到的最高温度为福建漳州的地热井，90米处地温为121.5℃，井口水温105℃。

该地热带邻近欧亚板块与太平洋板块边缘，虽然地壳运动活跃，深大断裂也很发育，但因为没有现代火山活动，温度一般较低。地热田面积狭小，一般不足1平方千米，个别大者也不超过10平方千米。地热资源主要用于温泉疗养、温室种植和养殖。

位于广东省丰顺县汤坑镇南2千米的邓屋地热田是我国东南沿海地热带最著名的断裂型地热田。地热田位于两条断裂的交汇处，地面出露7处温泉，温度39~88℃，地热井水温92℃。1970年，我国首台86千瓦地热发电实验机组在丰顺邓屋落户，利用当地91℃的地热水采用减压扩容的发电系统发电成功；1984年4月，我国首台300千瓦地热发电机组在邓屋投入生产，采用中间工质发电系统发电成

功，目前仍在发电。

胶辽半岛地热带包括山东的胶东半岛、辽宁的辽东半岛及郯庐大断裂中段（山东段）两侧，共出露温泉46个。该地热带深大断裂发育，新构造运动活跃，地震频发。温泉水温一般在35~70℃，超过80℃的中温温泉只有4个，为辽宁鞍山的汤冈子温泉和盖平的熊岳温泉，山东招远的汤东温泉和即墨的东温汤，招远的汤东温泉温度高达92℃。

胶辽半岛地热带地热水多用于温泉疗养，少量用于温室养殖。

温泉的过度开发是中低温地热区普遍存在的一种现象。温泉是地下热水上升至地表自然喷涌的地质现象，一般温泉的流量不大。在地热资源稀少的山区，人们为了经济效益，在温泉附近施工地热井，大量抽汲地热水，使之形成规模化的集洗浴、旅游及休闲娱乐于一体的地热基地，使得地热水的水位常年低于地表，温泉不再自然喷涌直至消失。

中国能源研究会地热专业委员会1986年公布我国大陆温泉数量为3 304处，2013年中国地调局地热调查中心公布中国大陆31个省区温泉总数为2 307处。

沉积盆地型地热资源：我国大陆的

中、新生代盆地共有319个，总面积417平方千米，约占陆地面积的43%（图5-8，表5-2）。其中，大型盆地（面积超过10万平方千米）有9个，中型盆地（面积介于1万～10万平方千米之间）39个，其余多为山间小型盆地（刘时彬，2005）。大型盆地沉积层厚度大，如华北盆地沉积物可达3 000～4 000米，透水的和隔水隔热的地层相间分布，有利于热水资源的形成和赋存，热水的温度与热储的埋藏深度及大地热流值高低相关。

我国的大地热流值东部高于中部和西部，例如，东部的华北盆地平均地温梯度约3.6℃/100米，而西部的鄂尔多斯盆地平均地温梯度只有2.6℃/100米，这使得同样深度的热储层，东部盆地的温度要高于中部和西部。

盆地沉积层之下的基底，也发现有热储层存在，这些深埋的热储层为石灰岩地层，透水性强，温度高。总体来说，我国东部大中型盆地地热资源赋存和开发利用条件较好，中部次之，西部最差。

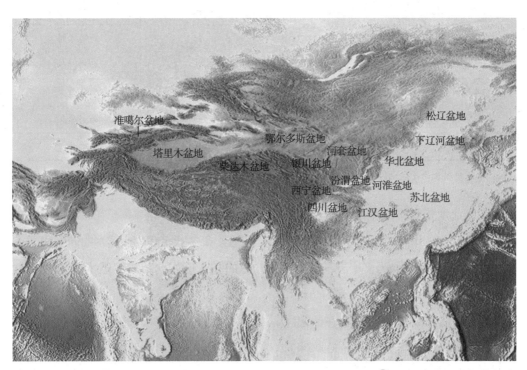

▲ 图5-8 我国主要盆地分布

表5-2   主要沉积盆地面积及所属构造区

盆 地	面积（km²）	构造区	盆地类型
华北盆地	140 000	华北-东北	断陷盆地
河淮盆地	140 000	华北-东北	断陷盆地
苏北盆地	34 000	华北-东北	断陷盆地
松辽盆地	260 000	华北-东北	断陷盆地
下辽河盆地	18 000	华北-东北	断陷盆地
江汉盆地	36 000	华南	坳陷盆地
鄂尔多斯盆地	250 000	中部	坳陷盆地
河套盆地	40 000	中部	断陷盆地
汾渭盆地	30 000	中部	断陷盆地
银川盆地	6 000	中部	断陷盆地
四川盆地	200 000	中部	坳陷盆地
准噶尔盆地	134 000	西北	坳陷盆地
塔里木盆地	560 000	西北	坳陷盆地
柴达木盆地	104 000	西北	坳陷盆地
西宁盆地	5 100	西北	断陷盆地

注：参照中国含油气盆地图集（第二版），李国玉

华北盆地是我国典型的断陷盆地，包括河北大部、北京、天津、河南北部和山东北部，面积达14万多平方千米。盆地基底断裂构造发育，由一系列的凸起和凹陷组成。上部新生代沉积物在凸起区1 200～1 600米，凹陷区3 000～5 000米。这里有胜利油田、冀中油田、中原油田，石油资源丰富，地热资源在石油勘探中被发现。新生代沉积物由透水的砂层和不透水的黏土层相间组成。透水的砂层成为热储层，不透水的黏土层成为盖层，地热水温度一般为30～80℃。沉积物下部的基底凹陷区多为不透水的地层，凸起区有一层透水的石灰岩地层，厚度一般为

500～2 000米，构成深埋型岩溶热储，地热水温度一般50～90℃（图5-9）。

据估算，华北盆地内深埋型岩溶热储面积达1万多平方千米。目前，华北盆地开发利用较好的深埋型岩溶热储地热田有北京地热田、天津地热田、河北牛驼镇地热田和任丘地热田。地球深部的地热自深处向地表传递，在凸起带因石灰岩的导热性较好，产生热聚集现象，故深埋型岩溶热储温度较相同深度的砂岩要高。总体来说，热储中地热水的温度与矿物质含量与其所处的深度相关，深度越大，温度越

高，矿物质含量也越高。

中国地热资源开发利用特点：地热资源的开发利用与地热资源的温度、地热流体矿物质及有益元素的含量、开发利用条件及地理位置有较大的关系。我国地热资源主要以中低温为主，且主要分布在东部的沉积盆地内；地热流体矿化度较高，含较多的有益元素。这就决定了我国地热资源的主要用途北方以供暖、温泉疗养为主；南方以温泉疗养、旅游休闲为主的基本模式。

我国地热发电受到多方制约，多年

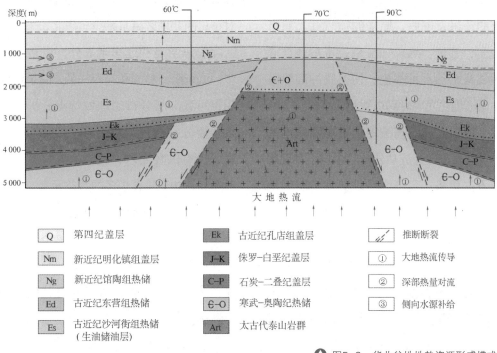

Q	第四纪盖层	Ek	古近纪孔店组盖层		推断断裂
Nm	新近纪明化镇组盖层	J-K	侏罗-白垩纪盖层	①	大地热流传导
Ng	新近纪馆陶组热储	C-P	石炭-二叠纪盖层	②	深部热量对流
Ed	古近纪东营组热储	∈-O	寒武-奥陶纪热储	③	侧向水源补给
Es	古近纪沙河街组热储（生油储油层）	Art	太古代泰山岩群		

▲ 图5-9　华北盆地地热资源形成模式

来一直滞步不前，一是我国高温地热田规模较小。二是我国高温地热田主要分布在藏南、滇西和川西地区，属于高海拔的深山峡谷，人烟稀少、交通不便、经济落后，不利于地热资源的勘探和新技术的利用。三是发电成本高，其高成本不在发电本身，而在勘探和地热井施工成本高，相比南方丰富的水电资源，高原区丰富的太阳能和风能发电没有优势。四是高温地热田发电的同时没有保护好其特有的地表高温地热显示，旅游资源深受影响，也影响了后续高温地热田发电的进程。比如羊八井地热田经40年的开采发电后，原来的喷气孔、冒汽地面、沸泉、热泉、温泉、水热爆炸等地表露头均不见踪迹，使得腾冲高热区在论证地热发电时顾虑重重。

我国大陆的高温地热资源除藏南的羊八井发电较为成功外，其余均不甚理想或不占优势；台湾高温地热发电也因地热流体腐蚀性太强而停产。我国目前地热发电总装机容量仅32兆瓦，相比美国的2 850兆瓦和菲律宾的1 909兆瓦，相差甚远，但羊八井地热发电站为我国地热发电竖起了一面旗帜，给我国地热发电提供了丰富的经验及惨痛的教训。

地热供暖利用最好的当属华北盆地，一方面该盆地地热资源丰富，分布也较均匀，温度适中，40～70℃地热水既可直接入室循环，也可换热循环，实现供暖；另一方面该处地处我国北方，冬天较寒冷，每年有3～5个月的供暖期，位于该地热盆地的北京、天津、河北和山东的北部平原，地热供暖面积增长速度非常快。

我国温泉众多，目前发现并有流量和温度记录的温泉就有2 307多处；其分布具有明显的分带性和地域性。藏南、川西、滇西以及台湾一带，温泉数量多、温度高、密度大，热显示强烈；福建、广东和海南一带，温泉密集，但热显示强度相对小；西北地区温泉稀少；华北、东北地区除胶东半岛和辽东半岛外，温泉也不多；滇东南、黔南和桂西一带，温泉数量屈指可数。从分布的地域特点分析，温泉主要分布在我国的南方，气温相对较高，没有供暖需求；我国的温泉温度一般在40～70℃，含较多的有益元素，非常适合泡浴理疗，因此，温泉最大的用途就是保健理疗和旅游。而且单个温泉分布面积非常小，资源量有限，除了理疗和作为旅游资源外，难以实现其他的集中利用。

2014年6月25日，国家能源局和国土资源部联合发文，要求各省编制近期和中远期地热能开发利用规划，要求近期规划以中低温地热能供暖和综合利用为主，建立综合利用示范区；远期发展中低温发电和干热岩发电，形成产业。

山东四大地热区

山东省大地构造位置及地热资源分布

山东省位于华北板块东南部，山东的西部及胶东的中北部地区均属于华北板块，东部沿海的威海、青岛、日照近海地带属于秦岭—大别山—苏鲁造山带（图5-10）。华北板块山东区域又可分为华北坳陷区、鲁西隆起区和胶辽隆起区三个二级构造单元。

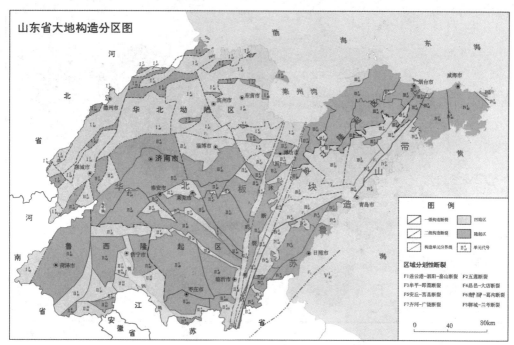

地热资源的分布与地质构造特点息息相关，山东的地热资源分布有五个显著的特征区：鲁西北与鲁西南属断陷盆地，地热资源为沉积盆地型，热储为层状；鲁中为隆起山区，地热资源为隆起山地断裂型，热储为带状，少量温泉出露；沂沭断裂带是我国东部区域大断裂——郯庐断裂的中段，地热资源为隆起山地断裂型，热储为带状，局部温泉出露；胶东半岛为隆起区，地热资源为隆起山地断裂型，热储为带状，较多温泉出露（图5-11）。总体来看，山东地热资源类型均属于板内型，包括隆起山地断裂带型和沉积盆地型两种。

鲁西北坳陷地热区

山东的西北部（鲁北平原）属于华北盆地的一部分，面积约4.5万平方千米；西南部（鲁西南平原）属于河淮盆地的一部分，面积约2万平方千米，该两个盆地均为大型断陷盆地，盆地基底由一系列凸起和凹陷组成。凹陷区上部松散沉积层厚度为1 500～4 000米（华北盆地的厚度要大于河淮盆地），由透水的砂层和不透水的黏土层相间组成，透水砂层或砂岩成为热储层，黏土层成为热储的盖层；凸起区

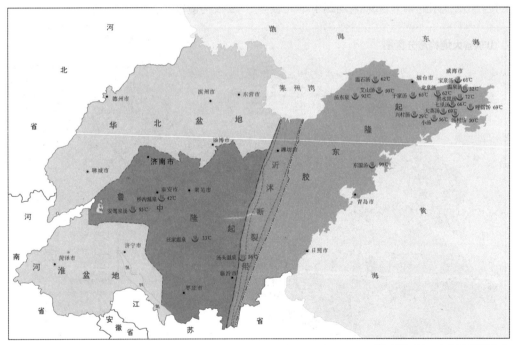

上部松散沉积层厚度为1 000～2 000米，基底为透水的石灰岩层，是很好的热储层，因此，凸起区有两个热储层。由于石灰岩层热的传导性能好，大地热流在传导过程中产生聚热作用，导致同样深度的热储，石灰岩热储的温度高于砂岩的温度。

山东省95%以上的地热资源均赋存在以上两个盆地内，水温一般在40～70℃，埋藏深度较大的石灰岩热储温度可达到80℃以上。蕴含丰富的中低温地热资源。

鲁西隆起地热区

地热异常位于凸起和凹陷的交接带附近及控制凹陷的北西向、北东向、东南向新构造断裂交汇处。该区热储类型为带状或带状层状，热储岩性为寒武—奥陶系灰岩。山区单个地热田分布面积较小，一般小于2平方千米；山前地带地热田分布面积较大，可达数十至上千平方千米，如济南北地热田分布面积达1 100平方千米。热水温度在40～60℃。鲁中山区地热显示包括3处温泉、4个具备一定储量和正在进行规模化地热资源开发利用的地热田。地热资源的开发利用多为疗养洗浴，少量用于养殖。

沂沭断裂带地热区

沂沭断裂带由四条大致平行的北北东向断裂构成，形成两堑夹一垒的构造格局。其内部又受北西向断裂控制，形成多个断陷和断隆起。地垒和断隆起区主要以古老的变质岩系为主，地堑和凹陷区以中生代火山岩及沉积岩为主。沂沭断裂带中生代岩浆活动频繁，沟通了地壳深部的热源。在构造交汇部位及其附近，形成地热异常。带内发现三个地热异常区、一处温泉。单个地热田分布面积较小，一般小于2平方千米，热水温度在50～70℃。汤头地热异常区位于临沂市附近，历史上曾为温泉泉群，地热资源丰富，现有地热井6眼，由温泉开发中心统一管理调配，供10家洗浴疗养院开发利用，成为山东第一家地热城。

鲁东隆起地热区

该地热区是胶东半岛新构造断裂发育，且由南往北活动强度增大。地热异常的分布受构造控制，位于两组断裂交汇处或不同岩体接触带。热储类型均为深循环对流型，热储岩性有花岗岩、闪长岩等。单个地热田分布面积较小，一般小于1平方千米。盖层为第四系松散层，厚度一般小于50米，保温条件较差。鲁东地热区是天然温泉密集分布区，地表热显示明显，共出露温泉15处，温度29～98℃。温度大于60℃的热水温泉7处，小于60℃的温热水温泉8处。近年来，围绕出露的温泉又施工了110多眼地热井，进行集中开发利用，形成数处集洗浴、疗养、会议、养殖观赏于一体的大型度假村。

山东温泉

山东省境内共有温泉19处，其中，胶东半岛有温泉15处，沂沭断裂带温泉1处，鲁中山区温泉3处。所有温泉的形成与出露均与断裂构造控热作用相关。

山东温泉历史悠久，声名远播。据史书记载，早在春秋战国时期，山东的温泉就被发现；宋代时被广泛利用；明清时期，温泉洗浴保健已经融入当地人的日常生活当中，成为一种生活习惯和文化传统。如威海文登市的七里汤早在齐时就被发现利用，到了明清时期，已初具规模，吸引方圆几十里的乡人前来洗浴泡汤。早在公元前86年，临沂汤头即已建村，汉昭帝封刘安国为温水侯；北魏时期，水文学家郦道元曾到此处勘查，其《水经注》就有"汤泉入沂"之说（图5-12）。位于威海宝泉路上的宝泉汤明代即被当地人发现，"清清沸液，四季翻腾，周而复始，

🔺 图5-13 临沂汤头温泉昔日汤泉入沂

图5-12 威海呼雷汤夏季尚可自流

冲涌不竭"，古人视之为神水。那时拥沙为穴，集水而浴，大有"开襟新浴后，风雪不知寒"之感。

山东温泉均为医疗热矿水，多为硅水、氟水和锶水。20世纪50年代起，胶东地区的威海、即墨等地温泉开始正规开发利用，凿井建池，供人洗浴疗养。该地区建有多所疗养院，温泉开发利用达到一定规模。

目前，19处温泉除胶东的兴村汤因温度较低、平邑的王家坡温泉因土地纠纷未开发利用尚且出流外，其余17处温泉均因打热水井开发利用而断流，或冬季开采量大时断流，夏季不开采时出流（图5-13）。开发利用的17处温泉，均以洗浴、旅游及温泉度假为主，个别温泉在洗浴的同时还用来供暖和养殖（表5-3）。

山东地热资源储量

根据2014年全省地热资源评价结果，全省地热资源总量为2.1×10^{21}焦耳，其热量相当于燃烧716.54亿吨标准煤。其中，鲁北平原地热资源量占86%；按地市，菏

表5-3　　　　　　　　　　　　山东温泉地热基本特征

名称	位置	热水温度（℃）	热矿水类型	开发利用情况
宝泉汤	威海环翠区宝泉路	69	氟水，溴水，锶水，硅水	洗浴疗养
温泉汤	威海环翠区温泉镇五渚河滩	52	氟水，含锂	洗浴疗养、旅游、供暖
洪水岚汤	威海文登市开发区大连路	72	氟水，硅水	洗浴疗养、旅游、养殖
七里汤	威海文登城区母猪河阶地	66	氟水，硅水	洗浴疗养、供暖
呼雷汤	威海文登市高村镇汤西村	66	氟水，硅水	洗浴、养殖
大英汤	威海文登市铺集镇大英村	69	氟水，锶水，硅水	洗浴疗养、旅游度假
汤村汤	威海文登市张家产镇汤村店子	50	氟水，锶水，硅水	洗浴疗养、旅游度假
小汤	威海乳山市冯家镇小汤村	65	氟水，锶水，硅水	洗浴疗养、旅游度假
兴村汤	威海乳山市崖子镇兴村	29.5	氟水，硅水	养殖
龙泉汤	烟台牟平区龙泉镇龙泉村	62	氟水，硅水	洗浴疗养
于家汤	烟台牟平区高陵镇于家汤村	65	氟水，硅水	洗浴疗养、供暖
艾山汤	烟台栖霞市松山镇艾山汤村	50	氟水，硅水	洗浴疗养、旅游度假
温石汤	烟台蓬莱市村里集镇温石汤村	62	氟水，硅水	洗浴疗养
汤东泉	烟台招远市城关镇汤后村	92	氟水，锶水，硅水	洗浴疗养、旅游度假
东温汤	青岛即墨市温泉镇东温泉村	90	氟水，锶水，硅水	洗浴疗养、旅游度假
汤头温泉	临沂河东区汤头街道办	55~70	硅水，氟水，锶水	洗浴疗养、旅游度假
汪家温泉	临沂平邑县柏林乡汪家坡村	33	氟水	未利用
桥沟温泉	泰安岱岳区徂徕镇桥沟村	30~45	锶水，氟水	洗浴疗养、旅游、养殖
安驾温泉	泰安肥城市安驾庄镇东赵村	33~62	锶水，氟水	洗浴

泽占23%，济南占4%左右。全省地热水总储存量为49 280亿立方米，每年可采量为26.52亿立方米，其热量相当于标准煤1 350万吨。山东19个温泉总放热量仅为718.2×10^{12}焦耳，其热量相当于2.46万吨标准煤。

Part 6 地热景观览胜

高温地热能聚集在地球浅部，总会寻找到一些通道，泄露到地面，形成我们能够感知的地热显示。这些高温地热显示，或大或小、或静或动、或长期或瞬间、或惊心动魄或精雕细作，不断塑造出各种微地貌形态，形成神奇的自然景观，让人惊叹于大自然的鬼斧神工。

水热爆炸

水热爆炸是饱和状态或过热状态的地热水，因热储压力变化产生突发性汽化，体积急剧膨胀并爆破上覆松散地层的一种现象。我们都知道，压力越大，水的沸点就越高；相反，压力越低，沸点就越低。如在西藏，海拔高，空气稀薄，气压低，水在80℃多就会沸腾。

于100℃的水仍然为液态。当某种原因产生压力释放，比如地震、人工钻井等，地热水的沸点降低，就会骤然汽化，热水变成蒸汽，体积急剧膨胀，产生巨大的冲击力，掀开上层的盖层，热水热气冲出地面，于是形成了惊心动魄的水热爆炸，正如烧开水时壶盖的跳动。

水热爆炸的成因

地下热水由于环境封闭，在地质运动过程中受到较大的压力作用，压力可达数个或数十个大气压，水的沸点大于100℃，有的超过200℃，所以，有温度高

水热爆炸的特征

水热爆炸是高温地热区一种极其猛烈的水热活动，爆炸时有巨大声响，挟带大量泥沙的汽水流射向空中（图6-1），爆炸后地面遗留深度不等的坑穴

▲ 图6-1　水热爆炸瞬间（热水、蒸汽挟杂着砂石和泥土冲出地表）

▲ 图6-2　水热爆炸留下的坑穴

（左图示爆炸坑内依然有蒸汽冒出，右图示爆炸坑充满热水，成为热水塘）

（图6-2），周围由碎石散落物堆积成锥体。由于封闭环境突然被撕裂了一个口子，高温地热水沿着这个口子在上升过程中被汽化，因此，爆炸坑穴内及其周边多见喷气孔、冒汽地面、沸泉以及硫华等。

水热爆炸通常无固定的时间和地点，前兆不明显，过程也很短促，约在10分钟以内，因此，只有少数人有幸亲睹这种奇特的地热现象，多数只能见到水热爆炸留下的坑穴及周围散落的泥沙和碎石块。

水热爆炸事件

全球多个高温地热带都发生过水热爆炸，其中，最著名的一次是1953年3月发生在美国加州大湖城的大爆炸。此外，美国的黄石公园、新西兰的维奥塔普、冰岛的克拉夫拉、意大利的托斯卡纳、日本的北海道等地也都相继发生过水热爆炸。

我国的西藏、云南和台湾都发现了多处水热爆炸区。在西藏，沿着冈底斯山脉，就发现水热爆炸地点11处，分别是巴尔、安部、曲普、丹果其萨、南独木、不

——地学知识窗——

加州大湖城水热爆炸

1953年3月发生的美国加州大湖城水热爆炸十分猛烈，喷发出30多万吨泥土，约8万平方米的地面受到强烈破坏，形成一个巨大的爆炸坑穴，小石头被炸到4千米以外的地方。

87

罗巴、卡乌、羊八井、苦玛、科作等，规模最大的是西藏阿里地区普兰县的曲普。西藏羊八井的热水湖被当地藏民视为"神湖"。目前，中外专家普遍认为"神湖"是一次水热爆炸形成的。

高温地热区的地震、大气压突变以及热源补给量突增等均可能触发水热爆炸活动。如云南龙陵县附近的清凉山在1976年7月21日发生了6.6级地震，地震数秒后，龙陵县邦纳掌下硝地热区连续发生三次水热爆炸，留下三个爆炸坑穴，并最终变成沸水塘。山坡上的两个沸水塘较浅，水温90℃以上。位置较低的沸水塘沸水不断上涌，并有一层白色的泉华沉淀其下，犹如镶嵌在岩壁凹处的一口滚锅（图6-3）。腾冲热海硫黄塘的"大滚锅"，也是一次水热爆炸的产物（图6-4）。腾冲热海水热爆炸频繁，除了其本身处于高温地热带外，其处于地震活动带也是诱发因素之一。云南的水热爆炸还有腾冲朗蒲热水塘，瑞丽的棒蚌，云县大空蚌、马鹿田坝等处。

我国水热爆炸的规模较小，但同一地点发生水热爆炸的频率却较高。如西藏南部的苦玛，每年发生水热爆炸四五次，有的年份则多达20余次。这种罕见的高频

——地学知识窗——

曲普水热爆炸

曲普海拔近4600米，30多个大大小小的爆炸坑穴笼罩在白茫茫的蒸汽之中。这些爆炸坑穴并非一次爆炸形成，而是经历了多次水热爆炸。最近一次水热爆炸发生于1975年11月20日傍晚，爆炸时黑灰色烟柱直冲云霄，形成巨大的黑色云团。爆炸后留下直径25米的坑穴。

▲ 图6-3　云南龙陵邦纳掌"滚锅"

▲ 图6-4　腾冲热海硫黄塘"大滚锅"

水热爆炸活动说明，下覆热源的热能传递速率大，爆炸点的热量积累快。

水热爆炸是一种高温地热区的自然现象。但人工因素也会诱发水热爆炸。如羊八井地热区开钻的第一眼地热井ZK316，钻探过程中发生过水热爆炸。

——地学知识窗——

羊八井水热爆炸

1975年7月1日，地热井ZK316开钻，当钻至38.89米时，发生井喷，至42.59米时停钻（图6-5）。持续的井喷使钻井周围形成巨大的下陷坑，用63车石头加水泥填封依然未止住井喷。1977年12月4日，突然一声巨响，羊八井发生水热爆炸，一股浓黑的烟雾冲向天空，高达50多米，巨大的石块被抛向天空后，散落到50多米外，炸坏5顶帐篷，炸伤1人，形成了长14米、宽8米、深11米的大坑，坑内沸水翻涌，可见爆炸能量之大（图6-6）。

▲ 图6-5 西藏羊八井"第一钻"ZK316地热井

▲ 图6-6 水热爆炸留下的热水坑

间歇喷泉

间歇喷泉是指每间隔一定的时间将一定体积的热水、沸水或蒸汽从地下喷射到空中的热水泉，其喷射出来的热水和蒸汽温度略高于当地沸点。

间歇喷泉激喷时持续的时间相对较短，一般是几秒钟，个别可持续几分钟至十多分钟；而其间歇期相对较长，但也不尽相同，有的可以短到1分钟或几分钟，有的则可以长达几个月甚至1年以上。间歇喷泉喷射高度也不一，有的不到半米，多数介于8～20米之间，少数喷高可达40～50米。间歇喷泉有像美国黄石公园"老实泉"那样定时定量喷射的，也有定时不定量、定量不定时、不定时也不定量的"不老实泉"。

间歇喷泉的成因

间歇喷泉的形成方式多种多样，但原理基本相同。间歇喷泉的产生一定有三个必备条件，一是浅部有一定的热储空间，相当于有个烧水的壶；二是热储有固定的热源，相当于有点着的炉子在不停地烧着；三是热储有源源不断的冷水补给源，相当于烧水壶水不够时，水龙头就自动加水。壶里的水烧开后，如果不关炉子，沸腾的蒸汽夹着沸水冲开壶盖，或从壶嘴冒出来（图6-7），壶里的水就会减

▲ 图6-7　间歇喷泉形成原理示意图

少，当水减少到一定程度，水龙头就自动将冷水补充到壶里直至加满而停止，壶里的水温立即降低，蒸汽不再冒出。当水再度烧开时，蒸汽夹着沸水再次喷射而出。这就是间歇喷泉的形成和喷射过程。所以，间歇喷泉并非是在高温地热区普遍存在的现象，可以说是可遇不可求的奇观。

间歇喷泉的特征及分布

冰岛、美国、新西兰、日本、俄罗斯、中国等国家都分布有间歇喷泉。其中，像冰岛的大喷泉、美国黄石公园的老实泉等早已闻名于世。在间歇喷泉区，常见有大量的热泉、沸泉、沸泥塘、喷气孔等地表水热活动显示。

间歇喷泉这一术语源自冰岛，意思是"喷射"，因为冰岛拥有喷势壮观的"大喷泉"，因此，冰岛被誉为"喷泉之乡"。位于首都雷克雅未克东北70千米的大喷泉，泉口坐落在硅质泉华台地上。间歇时，泉口为一直径

约20米、水深1.5米的热水塘，塘面水温76~90℃；当激喷时，汽水柱高度达70余米，可以持续10分钟之久。大喷泉旁边还有其伴侣斯托罗克尔间歇喷泉，泉口为一直径约4米的热水塘，每隔10～15分钟喷射一次，水柱最高可达20米。两股喷泉同时喷射时，场面十分壮观（图6-8）。

据近200年的喷射记录资料，大喷泉的水热活动历经较大变迁。19世纪中叶至20世纪初，是大喷泉喷射最为激烈的时段。20世纪以来，喷射次数逐渐减少，到1916年开始休眠，直到1935年又开始喷射，近期基本处于喷射间歇期，当年的壮

▲ 图6-8　冰岛大喷泉和斯托罗克尔间歇喷泉当年激喷时的壮观场面
（吴贵鹏描绘，1982）

观只能从画中窥见一斑。

冰岛的史托克间歇喷泉是目前在喷的冰岛间歇喷泉的典型代表，其喷发次数频繁，4~8分钟就喷射一次，每次喷射的汽水柱高度超过20米（图6-9）。

俄罗斯堪察加半岛上的威利坎间歇喷泉是仅次于美国老实泉的世界第二大间歇喷泉，和老实泉一样，它也是30个间歇喷泉群中的一个。每隔6~8分钟喷射一次，每次持续约1分钟。汽水柱高度超过25米。2007年6月的地震，将该间歇喷泉群中的2/3埋于碎石和烂泥之下，毁于一旦，但威利坎并没有受到影响（图6-10）。

▲ 图6-9　冰岛史托克间歇喷泉喷射时十分壮观

▲ 图6-10　俄罗斯堪察加半岛上的威利坎间歇喷泉

我国间歇喷泉分布在藏南、滇西和川西一带的高温地热带上，目前已知的间歇喷泉有7处，分别是西藏昂仁县桑桑镇的搭各加、西藏谢通门县龙桑区的查布、西藏木林县芒热乡的泮扎龙、西藏那曲县的谷露、西藏措美县古堆乡的布雄朗古、云南龙泉县的邦纳掌、四川甘孜藏族自治州巴塘县濯拉区的茶洛间歇喷泉。

茶洛间歇喷泉区分布在四川西部金沙江的支流巴曲河谷地两侧，在海拔3 520～3 560米的谷坡上，延伸1 000米左右。谷坡北岸的台地后缘，有一条断续延伸的裂隙，长约1.5米，宽10～20厘米，这便是当地人称为擦巴丹的间歇喷泉主泉口。在主泉口两侧各有一个副泉口。

擦巴丹以东100米处，有两个相距3米的喷泉口，当地人称为擦利玛，斜向喷射，射程4～5米，一次喷发持续1小时46分钟，间歇时间则长达36小时。擦利玛以西

——地学知识窗——

擦巴丹喷泉

擦巴丹喷泉喷射时，临近大喷发之前，有一次0.2米高的小喷和一次0.4～1米的中喷，紧接着是一次大喷。大喷时，喷出的汽水柱最高达4.5米，温度为88.5℃。激喷维持15～20分钟，随后的间歇期平均在2小时左右，每昼夜大约喷发8次。

20米，有一处喷泉，喷出的水较浑浊，规模不大。河谷的丛林中还有一处间歇喷泉，当地人称为擦兄，意思是很小。擦兄每4分钟喷射一次，一次持续20秒。

沸泉与喷气孔

前面介绍了水热爆炸和间歇喷泉

后，似乎就不难理解喷气孔、沸泉的形成和分布了。

沸泉又称热泉，指上涌的泉水温度达到或超过当地沸点。我国沸泉主要分布于喜马拉雅高温地热带上，这些地区海拔都较高，沸点在80℃左右，因此，这一带温度高于80℃的温泉大都是沸泉。

喷气孔的形成与火山活动有关，从炽热岩浆中分离出来的水蒸气和其他气体，沿着岩石裂隙和构造通道喷出地面。水热爆炸后形成的通道也常常形成喷气孔。喷出的气体以水蒸气为主，其次还有硫化氢、二氧化硫、二氧化碳、硼酸、氨气等，其温度多在180℃以上（图6-11）。

若喷气的地面为松散的砂土沉积物，气体沿砂粒间的孔隙冒出来，形成冒气地面。有些沟谷地带是构造破碎带，喷气孔密集，形成喷气谷，也叫热气谷（图6-12）。钻井打到高温地热蒸汽，从井口冒出，就成了喷气井（图6-13）。

值得注意的是，火山喷发形成的喷气孔，有些含有毒气体，如意大利那不勒斯附近的大洞、美国落基山的孔谷、日本兵库县马的岛的地狱、我国云南腾冲的扯雀塘等地的火山喷气孔中含有砷、硫化氢、二氧化碳等有毒气体，会造成鸟类及昆虫的死亡。

▲ 图6-11　不同成分的喷气孔

⬧ 图6-12 热气谷　　　　　　⬧ 图6-13 喷气井

——地学知识窗——

扯雀塘

　　云南腾冲的扯雀塘位于腾冲县曲石乡小鱼塘村东南1.5千米的小江右岸边，原为一热泉塘，现已填埋，仅存一小沟，0.6米深处地温达18.3℃，但放气现象十分强烈，刺鼻且有股酒糟味。考察人员曾在此试验，将加汽油点燃的火把在扯雀塘上方由高向低移动，靠近地面30厘米高度时，火把立即熄灭，说明这里含有浓度较高的二氧化碳。通过检测，此处还有含硫化氢气体。

泉　华

高温地热水在深循环过程中，溶解了围岩中的多种矿物质，当沿着一定通道上升至地表或地下浅部时，由于温度和压力的变化，矿物质溶解度降低，多种矿物质从地热流体中沉淀下来，在泉口形成色彩和成分各异的沉积体，这就是泉华。

按成分，泉华可分为钙华、硅华、盐华、硫华；按形态，泉华可形成泉华台地、泉华柱、泉华锥、泉华丘、泉华脊、泉华墙等，还可能出现磨菇、蛤蟆嘴、狮子头等千奇百怪的形状。

钙华

钙华是含有碳酸氢钙的地热水出露地表后，二氧化碳逸出，形成碳酸钙沉淀而成。产生钙华的地热水温度一般不会太高，是低温地热资源的一个标志，所以，钙华在我国相当普遍。纯净的钙华呈白色，地热水沿平缓的坡地蔓延而下，边流边沉淀，最终形成钙华台地，晶莹剔透，十分壮美（图6-14）。

△ 图6-14　钙华台地

——地学知识窗——

蛤蟆嘴

云南蛤蟆嘴泉水自岩壁裂隙喷出，呈脉动式，常年向澡塘河斜喷95.5℃沸水，射程2~3米。泉口处由于钙华淀积形成蛤蟆状喷嘴，泉口下方淀积形成高5米的钙华丘。丘体表面白、绿两色相间，低于70℃的喷溅水域生长绿色藻体；高于70℃水域则为洁白的钙华沉淀。这也是温泉区常见的一种以生物显示温度的自然景观（图6-15）。

△ 图6-15　云南蛤蟆嘴钙华锥

硅华

硅华的形成与高温地热活动有关，因此，主要出现在高温地热区。沸泉、间歇喷泉等高温地热流体中溶解的二氧化硅上升到地表后析出，并产生沉淀。有些硅华含有少量的铁和镁，多姿多彩，因而更具观赏性（图6-16）。

硫华

硫华仅出现在高温地热区，与现在的火山活动有关，是岩浆上行过程中，随着压力降低，硫化物中的硫不完全氧化而形成硫黄。硫华层层叠叠，状若黄花，阳光之下，熠熠生辉（图6-17）。

▲图6-16 多姿多彩的硅华

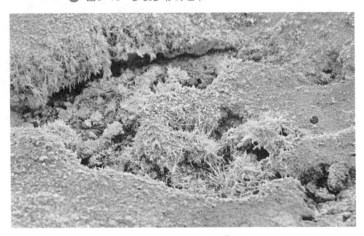

▲图6-17 状若黄花的硫华

盐华

盐华又称盐霜，多出露在地表、泉华体及岩层表层，是白色可溶矿物盐。盐华的成分多种多样，有卤化物如石盐，硫酸盐如明矾、芒硝，硼酸盐如硼砂，碳酸盐如天然碱等。盐华有如仙人球状、钟乳石状等形态。有些温泉区盐华丰富，可以作为矿产资源加以利用。如云南洱源县当地居民将热水区地面的盐霜收集起来，再利用地热水将其溶解过滤，蒸干浓缩，上层为皮硝，底层为天然碱。

泉华观赏性很强，可是也给地热资源的利用带来一定麻烦。地热资源利用过程中的结垢问题，是热水中矿物质沉淀和重结晶的过程，与泉华的形成是一个原理。地热井井管外围被钙华包裹（图6-18）、管道或锅炉经常性的除垢，实际就是除掉泉华的过程。

▲ 图6-18 西藏羊易ZK504地热井外结了一层厚厚的钙华

水热蚀变

水热蚀变特征

高温地热水或蒸汽沿通道上升的过程中，与围岩中的矿物或元素发生一系列复杂的重结晶、溶解和沉淀等化学反应，无论是热水还是围岩，其化学成分都发生相应变化，如热水失去一些钾，得到一些钙，围岩发生方解石化、白云石化、绢云母化、高岭石化、沸石化等，这个过程和结果就叫水热蚀变。

水热蚀变特征明显，颜色鲜艳，五彩缤纷，是高温地热区的标志性显示，也是奇特的自然景观。

我国的水热蚀变规模较小，主要呈现高温地热区的高岭石化，如西藏羊八井浅表高岭石化（图6-19）、基底方解石化相当普遍。据钻井资料，绿帘石化和黄铁矿化也相当普遍。云南热海的水热蚀变主要

▲ 图6-19　西藏羊八井高岭石化（白色）

为明矾石化和高岭土化。

沸泥塘

沸泥塘是充满稀泥浆的沸泉塘，是沸泉蚀变围岩而产生的。泥浆的主要成分为水热蚀变产生的黏土矿物，其中杂有明矾石、氧化铁和硫化铁等，呈现乳白、黄褐、灰紫或橙红等颜色，恰如混杂在一起的油画颜料（图6-20）。沸泥塘常有气体喷出，使泥块跃出塘面，因而又称泥蛙塘。如果温度低于沸点，则叫热泥塘或热泥泉。如果泥浆的黏稠度很大，则喷溅的软泥常在汽孔的周围堆积成低矮的锥体，状若泥火锥，锥顶也徐徐冒汽。

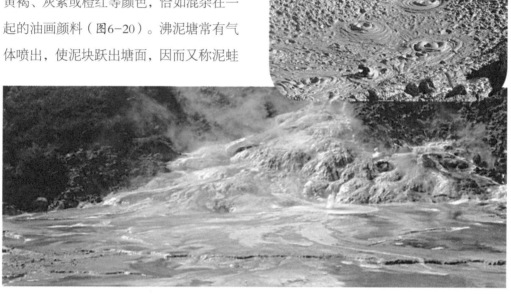

▲ 图6-20 沸泥塘的色彩

参考文献

[1] 陈墨香, 汪集旸, 邓孝, 等. 中国地热资源——形成特点和潜力估算[M]. 北京: 科学出版社, 1994.

[2] 刘世彬. 地热资源及其开发利用和保护[M]. 北京: 化学工业出版社, 2005.

[3] 廖志杰, 赵平, 等. 藏滇地热带——地热资源和典型地热系统[M]. 北京: 科学出版社, 1999.

[4] 朱家玲, 等. 地热能开发与应用技术[M]. 北京：化学工业出版社, 2006.

[5] 高慧. 地热资源大观[M]. 北京: 中国财政经济出版社, 2012.

[6] 蔡义汉. 地热直接利用[M]. 天津: 天津大学出版社, 2004.

[7] 郑克棪, 潘小平, 董颖. 中国地热资源开发与保护——全国地热资源开发利用与保护考察研讨会论文集[M]. 北京: 地质出版社, 2007.

[8] 汪集旸. 从世界地热看我国地热能开发利用问题. 见科学开发中国地热资源——科学开发中国地热资源高层研讨会论文集[M]. 北京: 地质出版社, 2007.

[9] 杨丽芝, 刘春华, 等. 山东地热资源评价与区划示范研究[R]. 山东省地质调查院, 2014.

[10] 王贵玲, 刘志明, 蔺文静, 等. 中国地热资源评价与区划[R]. （全国29个省市参与）, 2015.

[11] Ingrid Stober, Kurt Bucher.Geothermal Energy–From Theoretical Models to Xepioration and Development[M]. Verlag Berlin Heidelberg：Springer Verlag Berlin Heidelberg, 2013.